21世纪

土建类设计专业精品教材
（建筑设计基础系列）

Architectural Drawing

设计绘画

郑如是　编著

上海交通大学出版社
SHANGHAI JIAO TONG UNIVERSITY PRESS

内容提要

本书总结了近三年高职高专基础教学改革的研究成果与实践经验,围绕着建筑设计表达能力(制图与徒手表达)中的徒手表达能力和设计的创新思维能力训练这一中心任务。全书分为三大部分:第一篇是绪论,第二篇是基本知识与基本技能,第三篇是设计表达训练。第三篇包括徒手线条练习、结构素描、建筑写生训练、色彩练习和现代绘画创作。全书共有 80 多个作业,可供教师与学生选用。

本书可作为建筑设计技术、城镇规划等相关建筑设计类专业的教学用书,也可供相关专业的学生与设计人员参考。

图书在版编目(CIP)数据

设计绘画/郑如是编著. —上海:上海交通大学出版社,2014(2021重印)
ISBN 978 - 7 - 313 - 12124 - 0

Ⅰ.①设…　Ⅱ.①郑…　Ⅲ.①建筑设计—绘画技法—教材
Ⅳ.①TU204

中国版本图书馆 CIP 数据核字(2014)第 220893 号

设 计 绘 画

编　　著:	郑如是				
出版发行:	上海交通大学出版社		地　　址:	上海市番禺路 951 号	
邮政编码:	200030		电　　话:	021 - 64071208	
印　　制:	当纳利(上海)信息技术有限公司		经　　销:	全国新华书店	
开　　本:	787mm×1092mm　1/16		印　　张:	9	
字　　数:	197 千字				
版　　次:	2014 年 10 月第 1 版		印　　次:	2021 年 9 月第 2 次印刷	
书　　号:	ISBN 978 - 7 - 313 - 12124 - 0				
定　　价:	48.00 元				

前　　言

　　上海的高职院校中，设置建筑设计技术专业的只有济光学院，究其原因是因为济光学院源自同济大学，尤其是这个上海高职唯一的建筑类专业，在1993年济光学院开创之初的专业就是建筑设计。20年来，同济建筑系的教师与退休教师、在读研究生支撑着这个专业的教学。近年来，一批毕业于同济大学的硕士与博士成为济光建筑技术专业的教师骨干，他们结合教学实践，参与专业的课程改革，取得初步的成果后又重新组织力量，确立了进一步深化课程改革、推进建筑设计技术专业的课程体系建设的总体目标。其中建筑设计基础课程体系建设被列入上海市民办高校重点项目（2013年）。本套书《设计绘画》、《建筑初步（上）、（下）》与《建筑设计入门》组成了该重点科研项目中的课程改革系列教材。

　　济光学院的建筑设计专业培养的是高职专业人才，具体的就业岗位定位是建筑师助手。这个岗位要求学生有较好的对建筑设计方案的理解能力，可以参与建筑设计全过程，较熟练地运用设计软件完成建筑设计表达。为了在较短的教学时间内，提高教学质量和效率，建筑设计基础课程体系针对学生的职业技能培养，对各课程做了具体的目标设定。

　　《设计绘画》课程的具体目标，就是通过系列的作业训练，让学生掌握设计的徒手表达能力和基本建筑设计造型的能力。在作业训练的同时，注重对学生创新潜能的开发。《设计绘画》属于人文艺术类课程，艺术创新是它的特点，应该承担更多的对设计类专业学生创新思维训练的责任，所以在安排作业时，选用合适的作业内容，使手的技能训练和思维的创新训练相结合。通过技能训练，理解关于空间、色彩、艺术造型等基本知识和原理，尝试创作，体验创新。这不仅是建筑设计专业的需要，也是学生当好建筑师助手、追求个性发展的基础。让每一个学生在社会发展中出彩是我们教育者的终极目标。

郑孝正

2014.02

目　录

第一篇　绪　论

第二篇　基础知识和基本技能

第三篇　设计表达训练

第一篇

绪 论

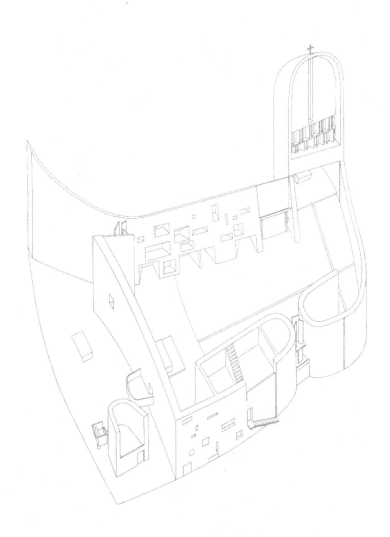

1. 课程概述

1.1 创意与表达

1.1.1 创意能力与表达能力

通常说设计或创作，往往指的是整个过程，其中包括创意和表达。同样，设计能力或创作能力都包含有创意能力和表达能力。作品的成功与否，两种能力缺一不可，并且与两者之间的合力作用有关。试想，一个作家即使有好的创意构思，但文字表达能力差、词不达意，能出好作品吗？或是一个画家，绘画表现能力是很好，但创意平平，东拼西凑，也成不了一幅好作品，可见两者都强，才能出好作品。

1.1.2 创意与表达的关系

创意与表达在设计或创作过程初期，有先后次序。所谓"意在笔先"，就是创意在先，后有表达。在过程中两者如人的双脚，左右交替向前才能前行。在视觉形象审美的设计或创作过程中，创意在先，一有所思必欲表达出来。有用笔画的草图，有用其他材料做成的草模，而这些表达出来的有形的图或模型又不断地激发思维再有新的表达，创意与表达的交替前行，设计或艺术创作的初稿才能完成。如果是一般尺寸的画作或雕塑，艺术家独自一人就可以完成。但建筑或大型雕塑的创作与表达往往分为两个阶段：前期的创意与徒手草稿阶段和后期的建筑施工与雕塑制作阶段。后期完成才能实现创意的最终表达。

1.2 建筑设计中的创意与表达

1.2.1 建筑设计各阶段创意与表达的重点

以建筑设计为例，建筑设计可以分为 3 个阶段：
（1）初步方案设计。
（2）扩大的初步方案设计。
（3）施工图设计。

建筑师在各个阶段的工作重点是不一样的。在初步方案设计阶段,重点在设计创意和徒手表达。在扩大初步方案设计阶段,重点在各技术工种的协调和计算机制图。在施工图设计阶段,重点在技术设计和计算机制图表达。在整个设计过程中,建筑师独揽设计创意,同时第一时间徒手表达,创意与徒手表达轮番进行,建筑师用各种徒手草图经过不断的比较推敲,直至方案确定,整个过程必须是建筑师个人脑手并用才能完成,也只有徒手的草图才能快速及时地抓住活跃多变的设计思维,才能提供多方案比较的可能。只有徒手草图(包括总平面、平面、立面、局部细节与透视效果图)才能记录呈现整个设计构思即从立意到方案确定的过程。

1.2.2 方案设计表达的两个阶段

从初步方案设计的全过程来说,设计表达可分为前后两个阶段:

(1)前阶段的徒手表达:从设计的方案构思之初的不同方案草图,到方案定稿。

(2)后阶段的电脑绘制图:对初定的方案作进一步的尺寸核实后,上机制图,并作具体的修改。

通过备份,计算机可以记录设计修改的过程。但如果有大的设计构思的变化,还得从徒手草图开始。上机制图完成CAD图纸和电脑效果图制成方案初步设计文本送审。

对于建筑师来讲,计算机制图可以亲为,也可以委托别人来做,但出于创意的徒手表达必须自己来做。所以建筑师的创意能力中含有徒手表达能力。如果词不达意,创意如何显现? 看看大师的徒手草图,创意毕现。这才是真正强大的设计能力。

图1-2-1~图1-2-5是一些设计大师的徒手草图。

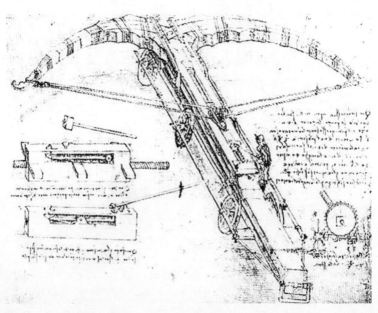

图1-2-1 达芬奇的设计手稿

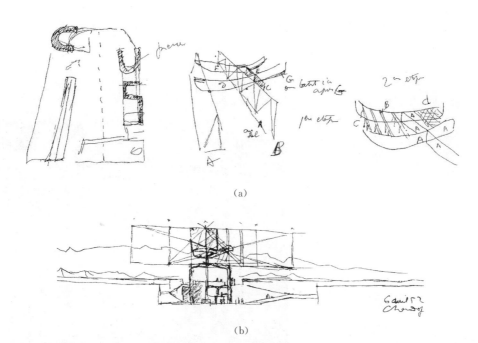

图 1-2-2　勒·柯比西耶的设计手稿

(a) 朗香教堂　(b) 纪念性建筑

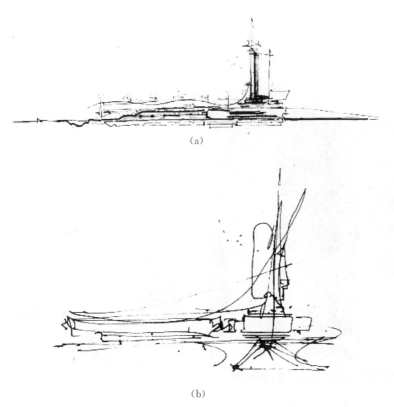

图 1-2-3　理查德·罗杰斯(Richard　Rogers)的手稿

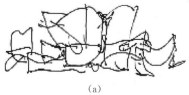

(a)　　　　　　　　　　　　　　　(b)

图 1-2-4　盖利(Frank Gehry)的作品和手稿

(a) 手稿　(b) 作品照片

图 1-2-5　Mario Botta 的作品和手稿

1.3　能力与训练

1.3.1　设计创意能力与徒手表现能力

设计能力包括创意能力和表达能力。表达能力可分为徒手表达能力和计算机制图能力，徒手表达能力强就能快速、充分并形象地表达设计创意。设计创意新过程中，设计师思维开放、活跃。徒手表达的初步效果，往往能启发设计师更新、更合理的构思，使设计方案趋于完美，所以，徒手表达能力是设计师不可缺少的能力之一。与创意能力相比，徒手表达能力是一种外在的技能，创意能力应该是一种综合的能力，是以多种知识和技能为基础，在给定的条件和可能中结合自身的储备，从中能悟出某种看似无关的联系点或发现不易察觉的亮点，并将其置于新的环境中按特点的要求使其发展为一种新物的能力。

1.3.2　技能训练与创新思维训练

综上所述，徒手表达能力应该是构成创意能力的一部分，在对学生进行徒手表达技能训练时，只要我们有目的地设置相应的训练内容，既可以进行徒手表达能力的训练，又可以激发学生的创新潜能，进行创新思维的训练。

1.3.3　教材目标

"设计绘画"课程是建筑设计专业的基础课程，其主要目的是训练学生掌握设计创意的徒手表达技能，同时在训练实践中，引导学生进行创意思维的训练，从而为学生在学习后续的建筑设计课程前，作好设计的徒手表达和创意的基础能力准备。

《设计绘画》教材是实现本课程教学目标的一本教学计划书。

2. 教学目标任务和实施路径

2.1 "设计绘画"的教学目标和任务

建筑类专业教学的目的是培养建筑设计专业人才,因而所有的专业基本理论和知识及课程教学都是围绕人才目标而开展。其任务主要是:让学生学习掌握专业的基本理论和基础知识,学习和掌握建筑设计的方法,不断提高建筑设计能力。

"设计绘画"的教学目的就是训练学生掌握设计创意的徒手表达技能,同时在训练实践中,引导学生进行创意思维的训练,从而为学生学习后续的建筑设计课程,作好设计的徒手表达和创意的基础能力准备。

具体任务是:

(1) 学习和掌握设计绘画的基本知识和基本原理形式类的相关规律和法则。

(2) 通过作业训练,学习徒手表现的方法,掌握徒手表达技能。

(3) 在徒手表达能力训练中,进行创新思维训练。

2.2 实施路径

2.2.1 徒手表达技能训练的作业

徒手表达技能训练的作业有课堂作业和课外作业两部分,从而保证一定的训练量。课堂作业均有作业指示书,明确了作业目的和要求。除必要的课堂授课外,应充分保证学生的动手训练时间,确保学生随时得到教师指导。课外作业收回后,应在课堂上展评,以求师生互动、纠错奖优。

2.2.2 训练作业设计编排

(1) 技法训练:从简单到复杂;从线条练习到形体构成(单体到组合),再到建筑写生;从明暗表现到色彩表现(彩铅、水彩、马克笔)。

(2) 内容安排:考虑到基本知识及原理,如透视知识、色彩知识以及形式美的原理等方面,使学生在技能训练时,加深对基本原理与知识的理解。除了有临摹和写生的内容外,还有一些有创新要求的作业,引导学生在学习大师作品时能注意到作品的创新点,并尝试创新摹仿,从而进行创新思维的训练。

第二篇
基础知识和基本技能

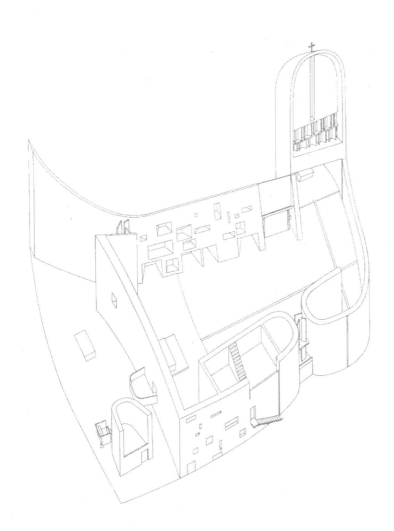

3. 基础知识

3.1 透　视

3.1.1　有关透视的几个重要名词

（1）透视：通过一层透明的平面去研究后面物体的视觉科学。"透视"一词来源于拉丁文"Perspclre"（看透），故有人解释为"透而视之"。

（2）透视图：将看到的或设想的物体、人物等，依照透视规律在某和媒介物上表现出来，所得到的图叫透视图。

（3）视点：人眼睛所在的地方。标识为 E（EYEPOINT）。

（4）视平线：与人眼等高的一条水平线。标识为 HL（HORIZOUTALLINE）。

（5）站点：观者所站的位置，又称停点。标识为 G（STANDINGPOINT）。

（6）灭点：在透视投影中，一束平行于投影面的平行线的投影可以保持平行，而不平行于投影面的平行线的投影会聚集到一个点，这个点称为灭点。标识为 V（VANISHINGPOINT）。

（7）画面：画家或设计师用来变现物体的媒介面，一般垂直于地面平行于观者。标识为 PP（PICTUREPLANE）。

（8）基面：景物的放置平面，一般指地面。标识为 GP（GROUNDPLANE）。

（9）视高：从视平线到基面的垂直距离。标识为 H（VISUALHIGH）。

这些名词在透视图上的表示如图 3-1-1 所示。

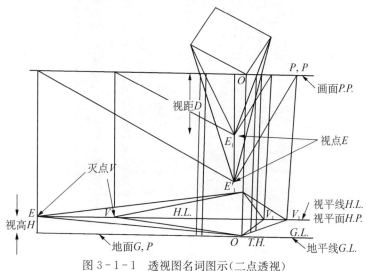

图 3-1-1　透视图名词图示（二点透视）

3.1.2　透视的类型

透视有两种：平行透视和成角透视。

（1）平行透视：也叫一点透视，即物体向视平线上某一点消失。如图 3-1-2~图 3-1-4 所示。

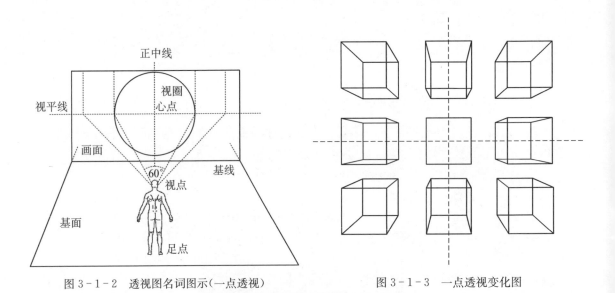

图 3-1-2　透视图名词图示（一点透视）　　　　　图 3-1-3　一点透视变化图

图 3-1-4　一点透视照片

（2）成角透视：也叫两点透视，即物体向视平线上某两点消失。如图 3-1-5～图 3-1-7 所示。

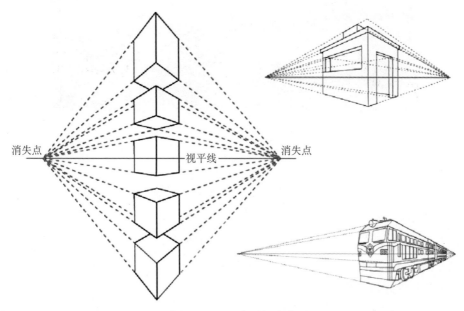

消失点　　　　视平线　　　消失点

图 3-1-5　二点透视变化图

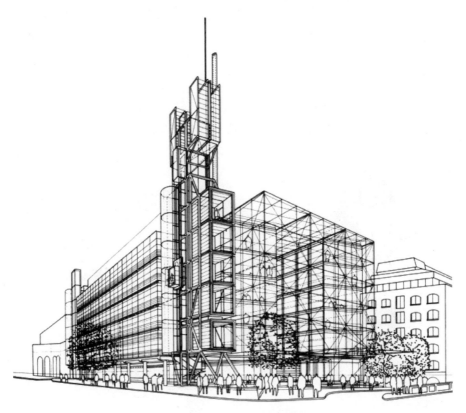

图 3-1-6　二点透视建筑图

图 3-1-7 二点透视建筑实例照片

3.2 色 彩

3.2.1 色与光的关系

　　色与光是不可分的,色彩来自光。一切客观物体都有色彩,这些色彩是从哪里来的? 平常人们以为色彩是物体固有的,实际情况并非如此。根据物理学、光学分析的结果,色彩是由光的照射而显现的,凭借了光,我们才看得到物体的色彩。没有光就没有颜色,如果在没有光线的暗房里,则什么色彩也无从辨别。没有光也就难以理解色彩的含义,是光创造了五彩缤纷的世界。

　　在自然界和生活中,光的来源很多,有太阳光、月光,以及灯光、火光等,前者是自然光,后者是人造光,色彩学是以太阳光为标准来解释色和光的物理现象的。太阳发射的白光是由各种色光组合而成的,通过三棱镜就可以看见白光分散为各种色光组成的光带,英国科学家牛顿把它定为红、橙、黄、绿、青、蓝、紫 7 种颜色。这 7 种色光的每一种颜色,都是逐渐地、非常和谐地过渡到另一种颜色的。其中蓝色处于青与紫的中间,蓝和青区别甚微,青可包括蓝,所以一般都称为 6 种色光,形成光谱。在色彩学上,我们把红、橙、黄、绿、青、紫这六色定为标准色。如图 3-2-1、图 3-2-2 所示。

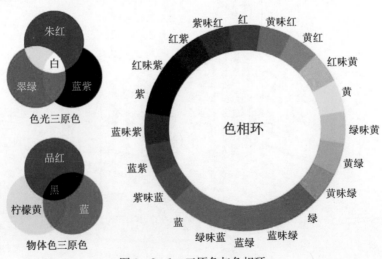

图 3-2-1 三原色与色相环

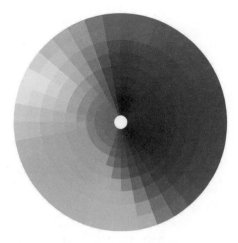

图 3-2-2　色光色相环

不同物体为什么会形成各种各样的颜色呢？其物理学的原理是：光线照射到物体表面时，一部分色光被吸收，一部分色光则被反射出来，所反射出来的色光作用于人们的视觉，就是物体的颜色。如太阳光下的红花，便是太阳光中的橙、黄、绿、青、紫等色光被花吸收，只有红光被反射出来，使我们的视觉感觉到花是红色的。在光的照射下，如果某一物体较多地吸收了光，便显示黑色；若较多地反射了光，则显示淡色以至白色。各种物体吸收光量与反射光量比例上的千差万别，就形成了难以计数的不同深浅和各种鲜艳或灰暗的色彩。

3.2.2　形与色的关系

色彩既是借助于光而呈现的，又是依附于物体而存在的。色彩和物体是不可分割的整体，离开了具体的物体（形），就没有具体的色彩。

形与色是相互依存、相辅相成的。红色的苹果，在光线照射下有各种不同的色彩变化，但这种变化只是在圆球形的苹果上的变化。因此，我们在观察色彩的时候，就必须把色彩与形体联系起来，把色彩用到画面的时候，应该使它成为具体的形体，否则，就是颜色的堆积而已。颜料混合情况如下：

（1）原色：颜料中最基本的 3 种色为红、黄和蓝色，色彩学上称它们为三原色，又叫第一次色。

一般在绘画上所指三原色的红是曙红，黄是柠黄，蓝是湖蓝。如图 3-2-1 所示。

颜料中的原色之间按一定比例混合可以调配出各种不同的色彩，而颜料中的其他颜色则无法调配出原色来。为了方便，作画时应该充分利用现成的颜料，这样可以节省调色时间。

（2）间色：三原色中任何两种原色作等量混合调出的颜色叫间色，也称第二次色。

如：红＋黄＝橙

黄＋蓝＝绿

图 3-2-3　物体色三原色调色关系图

蓝＋红＝紫

如果两个原色在混合时分量不等,又可产生种种不同的颜色。如红与黄混合,黄色成分多则得中铬黄、淡铬黄等黄橙色,红色成分多则得橘红、朱红等橙黄色。

(3)复色:任何两种间色(或一个原色与一个间色)温合调出的颜色称复色,也称再间色或第三次色。

如:橙＋绿＝橙绿(黄灰)

　　橙＋紫＝橙紫(红灰)

　　紫＋绿＝紫绿(蓝灰)

由于混合比例的不同和色彩明暗深浅的变化,使复色的变化繁多。等量相加得出标准复色,两个间色混合比例不同,可产生许多纯度不同的复色;三个原色以一定比例相混合,可得出近似黑色的深灰黑色。所以任何一种原色与黑色相混合,也能得到复色。即凡是复色都有红、黄、蓝三原色的成分,例如:

橙绿＝橙第三次色绿＝(红＋黄)＋(蓝＋黄)

　　＝(红＋黄＋蓝)＋黄＝灰黑色＋黄＝黄灰

橙紫＝橙＋紫＝(红＋黄)＋(蓝＋红)

　　＝(红＋黄＋蓝)＋红＝灰黑色＋红＝红灰

紫绿＝紫＋绿＝(红＋蓝)＋(黄＋蓝)

　　＝(红＋黄＋蓝)＋蓝＝灰黑色＋蓝＝蓝灰

如图3-2-3、图3-2-4所示。

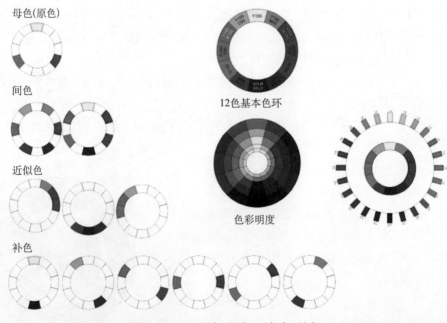

图3-2-4　原色、间色、近似色、补色

复色是一种灰性颜色,在绘画和工艺装饰上应用很广,善于运用复色的变化,就能使画面色彩丰富并得到色彩格调韵味的艺术效果。

3.2.3 色彩三要素

(1)色相:顾名思义即色彩的"相貌",各种颜色呈现出各种不同的"相貌",便叫"色相"。如红、橙、黄、绿等,也是颜色的种类和名称,它是色彩显而易见的最大特征。

自然界的色彩难以数计,许多色彩也难以叫出它们的名称,只能大致地说:这是偏黄的灰绿,那是暗枣红等。观察色相时要善于比较,即使相似的几块颜色,也要从中比较出它们不同的地方。如红颜色有朱红、曙红、玫瑰红、深红的区别。同时又要分辨出朱红(红中偏黄)、大红(红中偏橙)、曙红(红中偏紫)、玫瑰红(红中偏蓝)、深红(红中带黑)的不同色相;再如黄色就有淡黄(黄中偏白)、柠檬黄(黄中偏绿)、中黄(黄中偏橙)、土黄(黄中带黑)、橘黄(黄中带橙);蓝色有钴蓝(蓝中带粉)、湖蓝(蓝中带绿)、群青(蓝中带紫)、普蓝(蓝中带黑)等。

(2)色度:是指色彩的明度和纯度。

明度,即颜色的明暗、深浅程度,指色彩的素描因素。它有两种含义:一是同一颜色受光后的明暗层次,如深红、淡红、深绿、浅绿等。二是各种色相明暗比较,如黄色最亮,其次是橙、绿、红,青较暗,紫最暗。画面用色必须注意各类色相的明暗和深浅。

颜色除在明度上的差别外还有纯度的差别。纯度,是指一个颜色色素的纯净和浑浊的程度,也就是色彩的饱和度。纯正的颜色中无黑白或其他杂色混入。未经调配的颜色纯度高,调配后,色彩纯度减弱。此外,用水将颜料稀释后,水彩和水粉色亦可降低纯度,纯度对色彩的面貌影响较大。纯度降低后,色彩的效果给人以灰暗或淡雅、柔和之感。纯度高的色彩较鲜明、突出、有力,但感到单调刺眼,而混色太杂则容易感觉脏,色调灰暗。

(3)色性:即色彩具有的冷暖倾向性。这种冷暖倾向是出于人的心理感觉和感情联想。暖色通常指红、橙、黄一类颜色。冷色是指蓝、青、绿一类颜色。所谓冷暖,是由于人们在生活中,红、橙、黄一类颜色使人联想起火、灯光、阳光等暖热的东西;而蓝、青、绿一类颜色则使我们联想到海洋、蓝天、冰雪、青山、绿水、夜色等。生活中物象色彩千变万化,极其微妙复杂,但无论怎么变都离不开冷暖两种倾向,色彩的这种冷暖不同倾向称之为色系(见图3-2-5)。

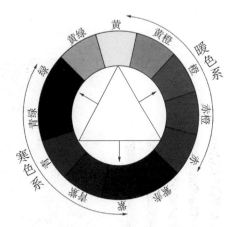

图3-2-5 冷暖色系图

色相、色度、色性在一块色彩中是同时存在的。观察调和色彩时三者必须同时考虑到,要三者兼顾。最好的办法是运用互相比较的方法,才能正确地分辨出色彩的区别和变化,特别是对于近似的色彩,更要找出它们的区别。

3.2.4 色彩的对比与调和

自然界的色彩,充满着对比与调和的辩证统一关系。色彩的配合既要有对比,又要有调和,只有调配得当,才能给人以美感。"对比"与"调和"是画面上处理色彩常用的手法,"对比"给人以强烈的感觉；"调和"则给人以协调统一的感觉。凡是成功的色彩画，都在某些方面存在着对比，而在整体上看又是调和与统一的。在具体运用时，要根据主题内容和画面效果的需要，有时着重于对比，有时着重于调和，这二者是对立的统一。但强调对比时，要注意调和，强调调和时，也要适当运用对比。

3.2.4.1　对比

色彩对比是色彩绘画上一种经常使用的重要手法。它主要是研究色与色之间的相互关系，特别是研究两种颜色并列时所产生的变化及其特殊的效果。在运用色彩时，孤立的一块颜色是很难达到理想的效果的。利用色彩的对比，就可提高色彩明度或纯度，或降低其明度和纯度，扩大色彩的表现范围。

色彩对比有"同时对比"与"连续对比"之别。两种以上的颜色并列或邻近时，各色同时作用于我们的眼睛，所形成的对比称"同时对比"；看了一个颜色之后再转看另一个颜色，与先看的色形成对比，色彩不同时作用于我们的眼睛，这种对比称"连续对比"。绘画的色彩多采用同时对比，即两块以上的颜色并列在画面上，产生对比效果，引起色彩感觉的变化，致使互相类似的成分减弱，互相不同的成分增强。

色彩上常用的对比手法有以下几种：

（1）色相对比。在绘画中，色相对比是最简单最容易的一种，它是单指"色"的变化。即两种纯色（饱和色）或未经掺和的颜色在它们充分强度上的对比。两种纯色等量并列，色彩相对显得更为强烈。我国民间的服饰、年画、剪纸、建筑装饰，以及现代绘画诸流派，都使用强烈的色相对比，形成鲜明突出的色彩对比，产生美的效果。

当两种不同的色相并列在一起时给人的色彩感觉，和两色分开放置时不一样。两色并列时，双方各增加对方色彩的补色成分。如红、紫两色并列时，红色增加紫色的补色（即黄色）成分，感觉红色微带橙色意味；而紫色则增加了红色的补色（即绿色）成分，感觉紫色略带青色意味。红、紫两色接近边缘的部分对比更为显著。而红、紫分开放在不同位置时，两色不发生对比变化。

位于不同色相背景上的同一色彩，就会由于对比而产生色的变化。在由两个原色混合而成的间色与这两个原色之间的对比最为明显。由蓝色和黄色混合而成的绿色，处于蓝色背景上时，感到偏黄绿色，而处于黄色背景上，则感到偏翠绿色（见图3-2-6）。

图3-2-6　色相对比

（2）明度对比：指的是黑、白、灰的层次，即素描关系上明暗度的对比，包括同一种色彩不同明度的对比和各种不同色彩的不同明度对比。如明色与暗色，深色与浅色并置，明的更明，暗的更暗，深的更深，浅的更浅，这就是明度对比的作用。色彩的配置必须有明度对比，对比要有强有弱，以增加色彩的层次和节奏。在色彩画中，为突出主体或造成画面鲜明生动的色彩层次和环境气氛，常运用色彩的明度对比这一手法。

位于明度不同的背景上的同一色彩,看上去往往感到在明亮背景上就偏暗,而在暗背景上就偏亮,这实际上是由于对比而产生的感觉上的差异。

(3) 纯度对比:即灰与鲜艳的对比。用纯度较低的颜色与纯度较高的颜色配置在一起,达到以灰衬鲜的效果,则灰的更灰,鲜艳的更鲜艳。以灰色调为主的画面,可局部运用鲜明色,鲜明色就很醒目,灰色调更显得明确。以鲜艳色为主的画面,间用少量的灰性色,鲜艳色会更鲜艳,效果更明亮。

绘画上有时不一定依靠色相而是靠纯度和明度来突出主体的。纯的色总是鲜明的、实的、重的、跳跃的。灰的色是不鲜明的、虚的、轻的、隐伏的,这是一般的规律。

两种纯度都很高的色彩,对比强烈,感觉不协调。如将其中一色的纯度减弱,则另一色彩感觉纯度更高,主次分明,就觉得画面比较协调。一般降低纯度的办法有 3 种:一是调入灰色,该色会变得柔和些;二是调入白或黑色,明度变了,纯度也变了;三是调入补色,使其变得灰暗一些。在一张绘画里,纯度高的色彩不能太多,以致看不出色彩的主调,造成鲜明的色彩互相不协调。画面有一个纯度高的主色,其他为纯度低的颜色,易使画面色调统一。位于纯度不同的背景上的同一色彩,在纯度比它低的背景上,看上去就显得较鲜艳,而在纯度比它高的背景上,该色就显得较灰暗,这是由于纯度对比所产生的感觉上的差异。

(4) 冷暖对比:色彩冷暖是写生色彩的精华,它可以表现出最细致的写生色彩变化。色彩上要能生动地表现对象,关键在于冷暖关系的处理。色彩的冷暖对比是最普遍的一种对比。各种色彩对比都可说是冷暖对比的特殊形式。通过对比,冷的更显冷,暖的更显暖。欲使某一暖色更暖,可在其周围配置对比的冷色。运用冷暖色对比,两色亦应有主有次,并以明度和纯度的不同加以调节。但色彩的冷暖不是绝对的,而是相比较而言。因为色彩不是孤立的,要在色彩的相互关系中,才能确定它的性格和作用。也可以说,色彩离开了相互关系就无所谓冷暖,无所谓正确与否了。

位于冷暖不同的背景上的同一色彩,看上去感到在冷色背景部分偏暖,在暖色背景部分则偏冷。这是由于冷暖对比产生的感觉上的差异。

(5) 补色对比:补色对比是一种最强烈的冷暖对比,其色彩效果是非常鲜明的。三原色中任何两色调和成的间色和另一原色的关系是互为补色的关系,意思是指它们互相补足三原色的成分。亦是指在色轮中互相成直径对立的色彩都是互为补色的。如橙(红加黄)与蓝,绿(黄加蓝)与红,紫(红加蓝)与黄,是三对最基本的互补色。补色并列时,就可使其相对色产生最强烈的效果。如红与绿色相对,红的更红,绿的更绿。而黄色与紫色相对,就会加强紫色,黄色亦更显鲜明。但对比时应该在色彩的分量及纯度、明度等方面进行适当变化,使其在对比中又感到和谐自然。

每对互补色混合时都呈灰黑色。同时每对互补色还有其独特性,如黄与紫这一对互补色呈现出极度的明暗对比;红与绿这一对互补色,有着相同的明度;红橙与蓝绿这一对互补色是冷暖的极度对比。

由于视觉上的反馈现象,当你注视红色时,会感到周围的白色泛出绿色。当你注视蓝色时,会感到周围的白色泛出橙色。将一个纯灰色的圆环,放在两种不同的鲜艳底色上,我们就会看出这个灰色圆环的左右两端,各自呈现出底色的补色倾向(见图 3-2-7)。

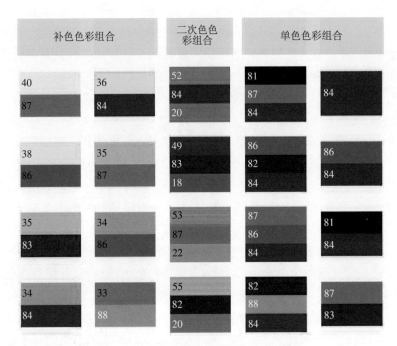

图 3-2-7　色彩组合(补色、二次色、单色)

(6) 色量的对比:色量对比即色彩面积的对比。色彩对比还要顾及面积的大小,即用色面积要有大小、主次。画面上色彩面积配置不当,可使调和的色彩过分调和而趋于单调,也会使对比过分刺激而破坏整体色彩的协调。为了提高画面色彩的效能,可采取色彩面积大小不同的对比。"万绿丛中一点红"即是色量(面积)对比的一个配色实例。"万绿"与"点红"的色量对比,冲缓了红与绿刺激性的对比。在大片的涂色或统一色调中采用小面积的对比,互相陪衬,面积小的色彩引人注目,有画龙点睛之妙。

由此可见,利用对比是色彩表现的关键,画面缺少对比,就会失去表现力。因为,颜料色总比不上自然界色彩那么鲜,与自然色彩比还有很大的差距,我们不能为了表现鲜明的对象,处处都把最鲜艳的颜色涂上去。只要我们灵活恰当地运用色彩对比,突出主要部分,减弱次要部分,就可达到用色少而色彩丰富的艺术效果。但乱用对比、不分主次强弱,则会喧宾夺主,杂乱无章。

3.2.4.2　调和

所谓调和,就是色彩上具有共同的、互相近似的色素,色彩之间协调、统一。即两种以上的颜色组合在一起,能够统一在一个基调之中,给人的感觉和谐而不刺激。色彩上的调和,主要是研究解决缓冲色彩矛盾(对比)的方法,是在不同中求其相同的、互相近似的因素。各部分的色彩在色相、明度、纯度上比较接近,容易感觉调和。所以组成调和色的基本法则是"在统一中求变化,在变化中求统一",也就是变化和统一适当结合。

任何画面上的色彩都应求得调和,这是学习色彩必须掌握的一种方法。在绘画中,色彩调和有以下几种方法:

(1) 主导色调和:以确立在画面上一种颜色为主导(面积大于其他色块)的基本主调色,

其他色彩处于次要或从属地位,以增加色彩的调和感。

(2)类似色或邻近色的调和:由关系较接近的色彩(色相、明度、纯度上较接近)组成的调和色,色调比较柔和、单纯。其调和的方法有:①同一色相而明度接近的两色配合(如淡绿和深绿),或明度差距相等的三色配合(如淡红、纯红和较深的红);②色相较邻近色彩的调和,如纯青和青绿两色配合,或黄绿、纯绿、青绿三色的配合。

(3)对比色调和:在画面上采用各种不同的对立色性的色相形成对比,也能使其产生调和。其方法有:①不同的色相加入共同色素。如将画面上的各种不同色彩均加入黑色,使各色都趋于灰黑而调和。各色中都加一点红色,使各色都微带红色,画面色彩形成红色调。②改变其中一色的明度,使两色一深一浅,以缓冲色彩刺激。③加入两个对比色的中间色,如黄与紫之间加上青绿,或橙与青之间加黄绿,红与绿之间加黄橙。④改变其中一色的纯度。

(4)运用中性色调和:即在两色之间加一过渡色,如黑、白、灰、金、银五色。这在年画和装饰绘画中是常用的。由于中性色的过渡作用,使对比色求得调和。如红绿两色并列,既刺激又强烈,只要将两者中间勾以黑边,就使两块颜色拉大了距离,起了缓冲的作用,这样在视觉上就舒服些。另外,用白线、灰线勾边线也能起同样的调和作用。很多群众所喜爱的民间年画,设色鲜明,对照强烈,画面充满了红、绿、黄、蓝等色彩,大多勾以黑、白色甚至金、银色边线,使其画面得到调和效果。

调和的效果如图3-2-8所示。

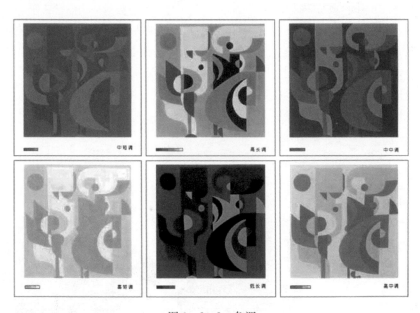

图3-2-8 色调

3.2.5 色彩的冷暖变化规律

在复杂的色彩关系中,冷暖关系是写生色彩最重要的色彩关系问题。色彩的冷暖变化

是复杂的,但有规律可循。色彩的冷暖变化规律大致如下:

(1)就整体而言,亮部冷则暗部倾向暖,反之,亮部暖则暗部倾向冷。其冷暖之间的差距有时明显,有时微妙。应视具体对象而定。

(2)在暖色环境中的灰性色有冷的倾向,在冷色环境中的灰性色有暖的倾向。

(3)固有色相同而且在同样光照情况下,一般近处较暖,远处较冷;近处冷暖对比较强,远处冷暖对比较弱。

(4)物体亮部色彩的冷暖,除固有色的因素外,主要是光源色起关键作用。光源色暖,亮部则暖;光源色冷,亮部色彩则冷。光源色冷暖倾向越明显,亮部色彩所受影响越大。光源色冷暖倾向不明显时,则以固有色为主形成亮部色彩的冷暖。

(5)暗部色彩的冷暖受固有色与环境色两个因素的影响,但不等于固有色与环境色的等量相加。究竟哪一个因素起主导作用,应看固有色纯度的高低和环境色影响的强弱,同时,还应看它与亮部和背景的对比。要作具体分析以获得正确的冷暖倾向。

(6)中间调子(半调子)色彩的冷暖,以固有色起主要作用,因为它受光源色和环境色的反射都较弱,界于亮部色彩与暗部色彩的冷暖之间。

(7)高光的色彩冷暖,主要是以光源色的冷暖为转移。但高光不甚强烈时,其冷暖为光源色与固有色共同作用。

(8)反光部分色彩的冷暖主要是环境色的影响,固有色次之。因为它是属于暗部的一部分,其色彩基本上与暗部是统一的,但明度上较暗部稍亮,受周围环境色的影响较暗部为强,它的色感是物体固有色加暗再加环境色。

(9)明暗交界线的冷暖,介于亮部与暗部之间。它既不受光源色影响,环境色影响也很微弱,色彩多与亮部形成冷暖对比,而与暗部相同,只是在明度上更暗,色感较暗部更弱,一般多以固有色加暗即可。

(10)投影色彩的冷暖,和暗部色彩的冷暖有统一性。但要具体分析3个方面情况:一是影子着落物的固有色;二是与亮部的冷暖对比;三是光源色与环境色反射的影响。一般强调以一方面的因素为主,兼顾其他。

3.2.6 色立体

表色体系
色标:用数值和字母对色彩进行
　　　具体的标定,常用于油漆、
　　　印刷、染织行业。
表色体系:美国孟塞尔表色体系
　　　　　欧洲奥斯特瓦尔德表
　　　　　色体系
色立体:以色彩的三属性为坐标
　　　　所建立的立体模型。
　　　　孟塞尔色立体
　　　　奥斯特瓦尔德色立体

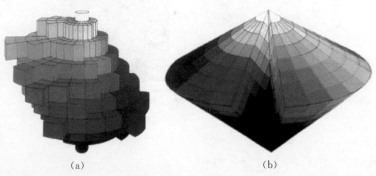

(a)　　　　　　　　　　　　　(b)

图 3 - 2 - 9　表色立体

(a) 孟赛尔表色立体　(b) 奥斯特瓦尔德表色立体

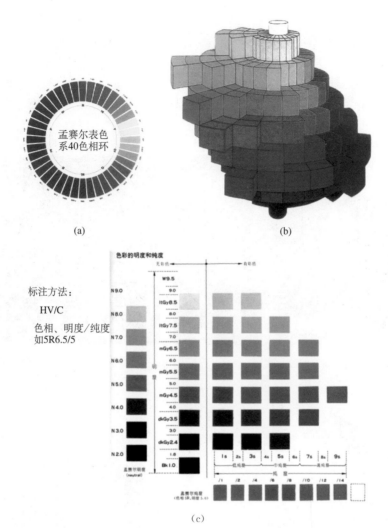

(a)

(b)

标注方法：

HV/C

色相、明度/纯度
如5R6.5/5

(c)

图3-2-10 孟塞尔表色系

（a）色相环 （b）色立体 （c）色立体剖面

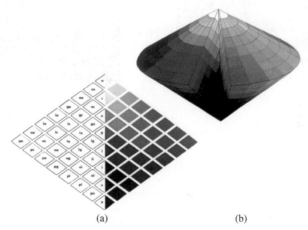

(a)   (b)

图3-2-11 奥斯特瓦尔德表色立体

（a）色立体剖面 （b）色立体

3.2.7 建筑色彩

建筑色彩主要与外墙材料有关,建筑有多少材料,就应有多少种色彩。但更重要的是与设计者(配色者)有关,与设计者的文化艺术爱好有关,与社会的历史文化有关,与地域的风貌人情有关(见图3-2-12～图3-2-15)。

图3-2-12　建筑的色彩实例(一)

图3-2-13　建筑的色彩实例(二)

图3-2-14　建筑的色彩实例(三)

图3-2-15　建筑的色彩实例(四)

3.3　构　图

一个设计作品,不管是一幅平面广告,还是一个日用器具,或者是一个建筑作品,设计师在设计时,除了要考虑满足规定的使用功能外,还得关注设计作品的美,追求一种"设计感",

即讲究作品的艺术形式之美。凡是给人美感的设计作品,总是符合一些共同的基本审美原则。

建筑设计意味着创造,设计过程中,不管是考虑功能关系进行平面空间安排,还是在体验空间,考虑空间的流通、光线的明暗、进行立面的虚实处理,还是考虑基地环境因素,进行总图规划构思,设计者一旦落笔纸上,总得遵循一些原则。处理功能的原则就是审美的原则,具体而言就是如何构图。

3.3.1 轴线(Axis)

看城市的地图或建筑图时,能明显看出轴线,当人站在轴线的上面,通过对称的建筑立面或通过门对门的连续门洞,也能明显感觉到轴线。

贝聿铭在设计华盛顿美术馆东馆时,就注意到了老馆的轴线。新馆和老馆,通过轴线的延续取得了联系,如图3-3-1所示。

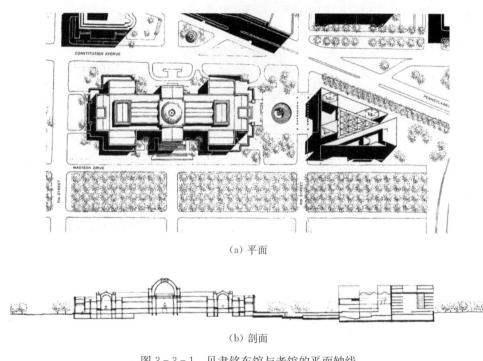

(a) 平面

(b) 剖面

图3-3-1 贝聿铭东馆与老馆的平面轴线

图示贝聿铭设计的华盛顿美术馆(右)在老美术馆(左)的轴线上

3.3.2 对称与非对称

(1)对称:在中心轴线两侧相应地布置成同样的部分,如图3-3-2(a)、(b)所示。

(2)非对称,在中心轴线两侧没有相应地布置成同样的部分。

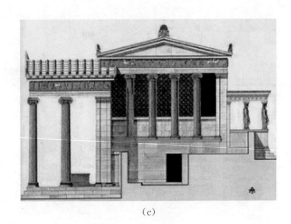

图 3-3-2　对称与非对称

（a）帕蒂农神庙（对称）　（b）某建筑立面（对称）　（c）依瑞克先神庙（非对称，均衡）

3.3.3　均衡

均衡是指在某一设计或构成中一种和谐或令人满足的布置，或是要素的各个部分合乎比例，也指不同要素之间的平衡状态。绝对的形式的均衡，是对称。均衡意味着形式上是非对称的，如图 3-3-2(c)所示。

3.3.4　尺度

比例与尺度是两个彼此紧密相关的设计原则。两者都涉及物体的相对大小。但前者探讨的是某一构成内部的尺寸关系，而后者则是一物与另一外在的物体，如人体之间的相对大小关系。不同要素间彼此关系如何以及它们与观察者之间的关系，决定着该建筑物的尺度是否亲切、和人体尺度是否协调；还是令人感到显然太大，难以接近(巨型纪念性建筑物尺度)；或者是否使我们觉得，建筑物与人体相比人显得较大且更为突出(特小尺度)，如图 3-3-3、图 3-3-4 所示。

图 3-3-3　某建筑内,人与大空间、
　　　　　大柱子的关系

图 3-3-4　英国巨石阵,人与巨石的比例

3.3.5　比例

比例指一部分与另一部分或部分与整体之比,是大小尺寸方面的比较(见图 3-3-5)。

这种使得人体与周围事物相联系的度量单位可以在人体尺寸—这种永远的直接参照系中找到。因此,许多度量单位与人体尺度联系密切。

(a)

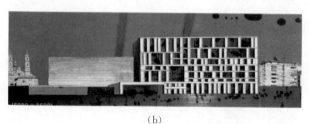

(b)

(c)

图 3-3-5　建筑立面与窗的比例分割

(a) 按比例分割的建筑立面(一)　(b) 按比例分割的建筑立面(二)　(c) 按比例分割的玻璃窗

3.3.6 黄金分割

一条直线被分割为短段与长段,短段与长段之比等于长段与全长之比,可简化并近似地表示为 3∶5＝5∶8。如图 3-3-6 所示。

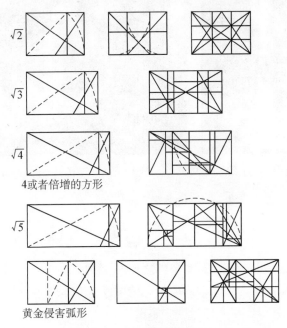

4或者倍增的方形

黄金侵害弧形

图 3-3-6 黄金分割矩形

3.3.7 模数

"模数制"是 1942 年由勒·柯布西耶所设计的一种比例系统,它以古代文化理论和人体形式为基础。这种系统与黄金分割有关。如图 3-3-7 所示。

在古代,所有建筑都是严格地模数化的。最好的范例是古希腊和罗马的"柱式"。被选作各种建筑基本模数的是柱半径,而不是空间中某些外部要素。因为每个模数对于那种柱式都是独特的,所以尽管每座建筑大小不同,但它们属于同一模数制的柱式。

日本使用的模数单位是以榻榻米的大小为基础的,房间和各种结构要素的尺寸,都是这种模数单位的准确倍数。

某一模数可代表一个标准的度量单元,而其他建筑部件均与此成比例。比如,在"模数制"建造术中。模数不是一个比例单位,而是一种尺寸,它被用来协调建筑部件的尺寸(门窗、镶板、梁),这些部件的尺寸适于装入已设计好的建筑洞口尺寸。

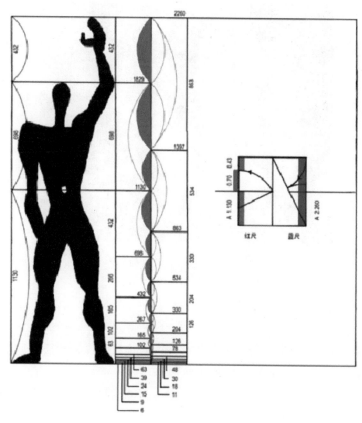

图 3-3-7　勒·柯比西耶的"模距人"

3.3.8　和谐比例

古典时期的希腊理论,将音乐与几何相联系,这一理论有被文艺复兴时期的理论家,特别是阿尔贝蒂和帕拉第奥所重述。他们相信,建筑学的基础是数学,并以此解释为其他自然规律所显示的优美构成比例。

3.3.9　配合

把不同的东西放在一起能达到和谐的效果,如音乐乐器的配合,或者是建筑中各种材料的配合。虽然,每种材料均有自己的颜色和质地。但配合得当,使效果恰到好处,不可更改为最佳配合。

3.3.10　秩序

秩序就是一组分开的构配件或要素之间合乎逻辑和有规律的布置,是构思、感觉和形式的统一。如图 3-3-8 所示。

图 3-3-8　一堵墙的整体比例，分开后的关系，各部分的
　　　　　比例与秩序关系

3.3.11　韵律

　　韵律指任何一种有规律地出现某些要素、线条、形状和形式为特征的运动，它有轻有重，类似于反复出现的音乐节拍，用来表现流动感。

　　有 3 种不同的韵律，包括规则的（平稳或统一不变的）、不规则的（非统一的可变韵律流动）以及韵律定位（把对立的韵律加给既定的韵律）。如图 3-3-9、图 3-3-10 所示。

图 3-3-9　立面的韵律（一）　　　　　图 3-3-10　立面的韵律（二）

3.3.12 体积

体积指任何三维物体或空间区域的尺寸或范围:某一立体状物体或空间的体积、大小或尺寸。

3.3.13 体量

体量指一个固体的物理上的体积或容积:若干部分或要素的一种聚集,组成一个未详细说明尺寸的统一体。

适用于形状的性质也适用于体量,如果某个建筑物的体量惊人的庞大,或没有人体尺度的要素,它常可以得到纪念巨碑式的效果。

3.3.14 深度

从顶部到底部(向下),通常要素之间恰当的空间关系和在某时"遮蔽"对整体空间的观察,都可以造成深度感。也可以借助退却、重叠和交错平面的办法来表现深度。颜色和质感经观察可以造成深度的幻觉。通过运用明暗对比(光和影)、透明(看穿)、半透明(看进去)、反射(增加另一视觉空间)以及穿孔(通过孔洞看远处),都可以造成深度感。如图 3-3-11 所示。

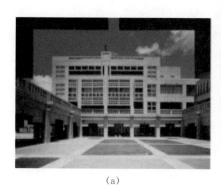

(a)　　　　　　　　　　　　　(b)

图 3-3-11　光影表现立面的深度

(a) 建筑立面上的深度感通过窗洞投影的深浅来感知

(b) 透视的建筑立面的深度感比较直观,投影增加效果。

3.3.15 对比

为了表现形式或颜色的不同,或为了强调相异性,而相反地进行布置,这种手法就是对比。利用线条、形式或材料的相对(反)性质,能够形成对比。不同特征的要素排列得彼此相连或十分接近,也可以形成对比。使用相反的要素或联合使用其他要素,目的是使要素或形式更为醒目。

3.3.16　主导

主导指占据卓越的要素或最具有影响力的位置,施加最大影响或掌握控制权。如图3-3-12所示。

图3-3-12　塔楼的主导作用

3.3.17　变换

变换指主要形状和形式突然变为其他经增加或削减的形状和形式。

主要形式是指圆形、三角形和方形。这些形式在三维中表现为球形、圆柱形和锥形(圆形);立方形(方形)和棱锥型(三角形)。在其范围内,变换可以改变这些形式中的任何一种。

3.3.18　统一

同一性和缺乏多样性,统一就是使各种要素有序地结合或布置,使之有助于整体的美学效果。

3.3.19　完整性

统一表明了各部分彼此的依赖和完整性。它是由模数、主题、形状、图案或尺寸的重复及颜色、肌理、材料的协调来实现的。

3.3.20　地方性

地方性的建筑是指对某一特定国家或地区而言是地方的、特有的建筑,这也是一种与普通家庭有关、功能性而非纪念性为主的建筑。

以地方形式和材料为基础的建筑形式如图 3-3-13 所示。

图 3-3-13　有地方性特点的木结构处理

4. 基本技能

建筑师的基本技能有三：一是徒手线条基本功；二是明暗与彩色的表现力；三是设计的基本技能（对力与空间的认知能力）。

基本技能，需要通过训练才能获得并得以提高，其中最基本的是徒手线条能力。

线在几何学上的定义是：点的移动轨迹。

若从我们用手握笔在纸上的活动来看，当笔尖落在纸上再提起，即成点；若不提起笔，从点开始往某方向移动，即成线；若方向直，即是直线；若方向有波动，即成弧线；若笔从点开始即作顺时针或者逆时针方向的弧形移动，再回到原出发点，即成一个圆，也就是从线围合成了面。

点、线、面都是视觉形态元素，其中线在绘画或设计中，有举足轻重的地位。线能简单直接地表现物体的形体特征，比较精确地表达面的长度和体积的长宽高的比例，这是线条的造型功能。所谓徒手线条的基本功能，就是徒手线条的造型功能。

在绘画和设计中，线在表现时具有两个特征：

（1）线的情感特征。直线具有明确肯定的感觉。即使是折线，不是那样畅通，但也是棱角分明，没有半丝圆滑。弧线具有女性般的柔软、优雅，富有弹性。线的粗细相比，细线要比粗线柔弱，粗线要比细线厚重。以上只是从线的类型来讲，若线一旦由人画出，线的性格情感特征更是因人而异，各具个性。从画家的速写或设计师的草图来看，线的性格情感差异十分鲜明。如图 4-1-2、图 4-1-9、图 4-1-10、图 4-1-11、图 4-1-13 所示。

（2）线的空间特性。一根等粗的直线，有向两端远处无限延伸的感觉。一根两端不等粗、线不优雅的直线，粗端近，细端指向远处，方向性和远近感就是空间的特性。一根弧线，就划出空间内外之别。一个平面内只要有两根线，不管是直线或者是弧线，也不管两线的关系是平行或是相交，都能限定出空间来。当然，其空间形式是二维平面空间。如是 3 根线以上，就能表现三维立体空间。

明确线的空间特性，有助于我们在绘画与设计中表现物体的体积和空间。

用线造型的方法：

一是白描造型，只要是物体的面的轮廓，或者是面的转折处，均用单线来表现。白描能比较精确地表现物体，尤其是物体的细部构造和比例，所以设计师注重用线来表达设计意图。白描用线如果有粗细，则线就有前后的感觉，物体的体积感要强于用同一粗细的线条勾勒的物体图象。

二是剖面明暗表现主体感，如是要强调物体的立体感，则在物体的面上，用线的疏密来表现光影刻画物体在光照下的明暗关系，表现的立体感。

物体都占有空间，用线表现物体时，其实是在画面上表现三维空间中的立体物体。借助于透视的方法能比较真实地表现空间视觉感受，如建筑或室内的效果图，以及西方的传统绘画，都能给人身临其境的真实感。

透视是表现三维空间的。在二维空间中,线的出现就可以划分空间,或说限定空间(建筑设计用语)。因为建筑设计是空间设计,就是建筑师用建筑材料在一个范围大于建筑的空间里限定出供人使用的空间(即建筑)的设计。

用线在纸上(二维空间)限定空间的方法,也可以说是建筑设计的方法。中国的书法篆刻和绘画中,有"留白"或"计白当黑"的用语,实际是要注意在线条(黑)之间的空间(白),这种空间意识是建筑师空间设计思维的组成部分。在二维空间中。线条的曲直、长短,线条之间的平行连接或开合,都能反映出二维空间的面积大小、长宽比例、空间的开与闭以及空间的内外。而这些都是建筑设计师在设计时需时刻考虑的。在建筑的平面布局或立面的设计中,就是在纸上用线作二维的空间划分和限定。如图4-1-18~图4-1-20所示。

图4-1-1　荷叶的茎

(大自然中的线条,虽然不是人为的,但人在摄取它时是有感情的)

图4-1-2　盖利的草图

(盖利的线活泼有动感,与他的建筑一样)

图4-1-3　刻在甲骨文上的字　图4-1-4　刻在石头上的字——石鼓文

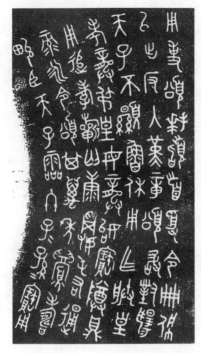

图4-1-5 金文(一)　　　　图4-1-6 金文(二)(铸在青铜器上的字)

图4-1-7 赵佶的瘦金体　　　　图4-1-8 张旭的草书

　　从图4-1-3到图4-1-8,因工具不一样(刀和笔)、材质不一样(骨、石、纸)或是方法不一样(刻、写、铸),所成的线条是不一样的,但主要的是作者不同,张旭的草书和赵佶的瘦金体线条明显不一样,两者的性格差异也显而可见。

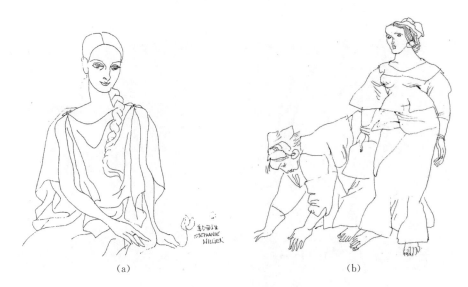

　　　　　　（a）　　　　　　　　　　　　（b）

图 4 - 1 - 9　女画家的人物线条

（a）萧惠祥的人物　（b）周思聪的人物
（两位都是女画家，用线风格不一样）

图 4 - 1 - 10　马蒂斯的人物线条　　　　图 4 - 1 - 11　克利的自画像

图 4-1-12　米开朗基罗的速写

图 4-1-13　达芬奇的自画像

图 4-1-14　安格尔的人物

图 4-1-15　黄胄的速写

图 4-1-16　雕塑家钱绍武的头像速写

图 4-1-17　左恩的铜版画

（线条表现了立体感）

作者不一，用线条各有特点，正是线条如其人。

图 4-1-18　黄英浩的插图

（表现了空间）

图 4-1-19　吴昌硕的篆刻

（线条与留白空间）

图 4 - 1 - 20　石涛的毛笔

（线条表现了自然空间）

第三篇

设计表达训练

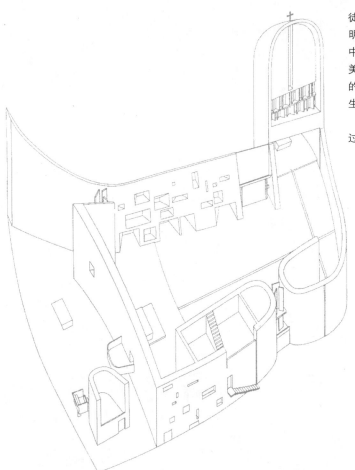

本章的重点是训练。从基础的徒手线条开始，训练造型能力以及与明暗色彩相结合的表现能力，在训练中加深对艺术造型基本知识和形式美规则的理解，提高设计基础能力中的对力与空间的认识能力。开发学生的潜在的创造能力。

本章设计了系列的训练作业，通过作业提示，学生可以自学自练。

5. 徒手线条练习

徒手线条是指不借助于尺规工具，而只用笔（硬笔或软笔）或刀在纸或木石上留下的痕迹。本教材不讨论用刀的（如篆刻、碑拓等）艺术表现，只讨论用笔的徒手线条的表现。

笔可分为软笔和硬笔两种，而建筑设计中常用的硬笔主要是钢笔和铅笔两种。

软与硬是相对而言的，钢笔比毛笔硬，铅笔比钢笔软，但铅笔与毡头笔（如马克笔）相比则显得硬。

本教材的徒手线条训练，主要使用钢笔与铅笔。

徒手线条练习，从最基本的直线与弧线练习开始，通过一定的时间和训练量，掌握徒手线条的基本功，即能较好地掌控手中的笔，画出比较流畅的线条。通过线条的组合，准确、形象地表达目中所见（物体写生）或心中所想（设计构思）。

5.1　基础线条练习

这部分的作业目的是训练对笔的掌控能力。

初步画出肯定和流利的线条，并有初步的用线造型的能力。

5.1.1　作业——线型与排线

作业提示：A3 白纸上，划出 50 mm×50 mm 的方框。

线型练习：每个框内分别为点、短直线、长直线、小弧线、大弧线、斜线的排线练习，直线的平行、斜交、正交。

注意：(1) 点和短直线注意疏密，弧线注意连续无折角。

(2) 排线尝试线距相等与渐变。

5.1.2　线的组合

作业提示：A3 白纸，临摹康定斯基与克里的作品（见图 5-1-1、图 5-1-2）。

注意线条之间的关系。

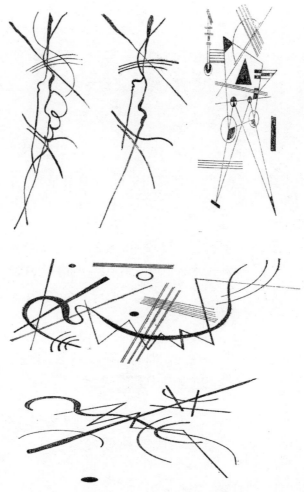

图 5 - 1 - 1　康定斯基的作品

（a）　　　　　　　　　　　　（b）

（c）　　　　　　　　　（d）

图 5-1-2　克里的作品

5.1.3　线的材质与组合表现

　　作业提示：在 A3 白纸上，先打上比例适当的方格，方格边长自定，方格间距 5 mm，再在每个方格内用线画出材料上的图纹与组合方式。

　　注意材料的砌筑方式——可以按图概括处理线条之间的关系。

　　线的材质与组合表现如图 5-1-3、图 5-1-4 所示。

图 5-1-3　线的材质与组合表现（一）

图 5-1-4　线的材质与组合表现(二)

5.1.4　临摹——大师线条造型

作业提示：A3 白纸，勒·科比西埃的两幅设计稿(见图 5-1-5)。

注意线型的不同。

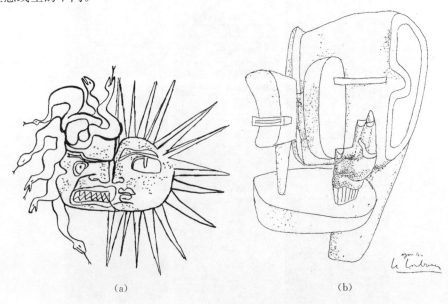

(a)　　　　　　　　　　　　　　　　　(b)

图 5-1-5　勒·科比西埃的设计稿

5.2 线条的造型练习

线条的造型离不开对形的整体把握、比例的准确、线条的疏密表现以及线之间的空间。线条的造型也可表现明暗和主题感。这部分作业的目的是徒手线条的基本功训练以及关注形、比例和空间。

5.2.1 线条造型练习——小方块的有变化的排列

作业提示：

（1）A3 白纸。

（2）小方块作为一个单元，方块的比例要准确，每块大小一样，同时注意排列的变化、形的叠加。

格奥尔格·内斯的砾石如图 5-2-1 所示。

图 5-2-1　格奥尔格·内斯的砾石

5.2.2 线条造型练习——建筑彩画稿白描临摹

作业提示:可以把画稿放大至 A3 或更大,然后用透明描图纸徒手描绘。

中国古建筑彩画线描稿如图 5-2-2 所示。

图 5-2-2 中国古建筑彩画线描稿

5.2.3 线条造型练习——瓦当的白描表现

作业提示：圆形的是抽象图案，半圆形的是抽象后的动物造像。用线与布白和我国书法篆刻一脉相承，其文化内涵丰富。在 A3 白纸上用线条白描表现。

图 5-2-3，图 5-2-4 为中国瓦当图案。

图 5-2-3　中国瓦当图案（一）

图 5-2-4　中国瓦当图案（二）

设 计 绘 画

5.2.4 线条造型练习——抽象画装饰临摹

作业提示:图5-2-5～图5-2-7均是邢庆华的作品,表现了建筑与环境,临摹时细心体会作者线条疏密安排的用意。在A3白纸上,各画一幅。

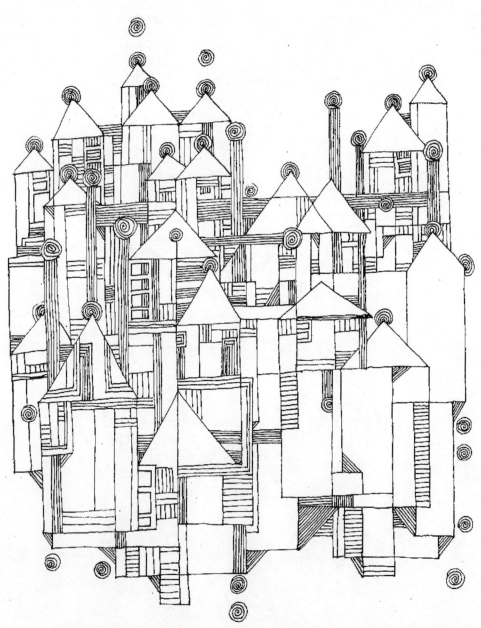

图5-2-5 邢庆华的作品(一)

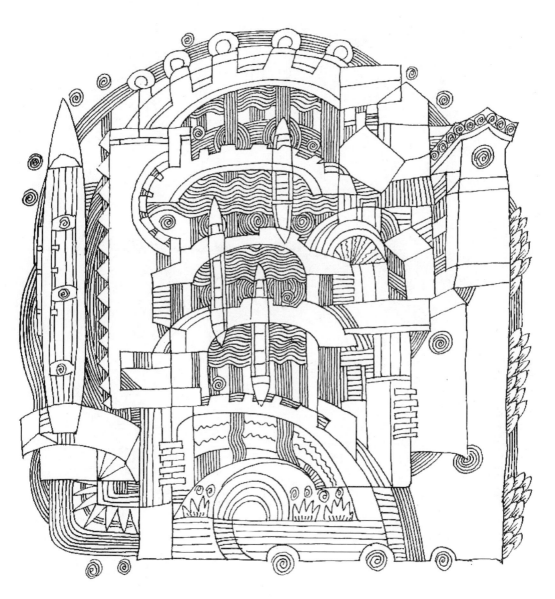

图 5 - 2 - 6 邢庆华的作品(二)

图 5-2-7　邢庆华的作品(三)

5.2.5　线条造型练习——风景写生临摹

作业提示：图 5-2-8 是吴玉琳的写生作品，临摹时注意用线的疏密来表现山石的阴暗面，线条最密处是松树和屋顶，两者在构图上的呼应，以及左上角的大片留白，反衬了南天门的高。在 A3 白纸上完成。

图 5-2-8　吴玉琳的写生作品

5.2.6 线条造型练习——毛笔线条练习

作业提示:毛笔是我国的传统书写绘画工具,毛笔笔头富有弹性,运笔者按提的轻重、缓急不一,画出的线条是各不相同的。临摹图5-2-9,图5-2-10,体验一下毛笔的使用,注意墨色浓淡、线条的疏密以及构图。在A2水彩纸或宣纸上完成。

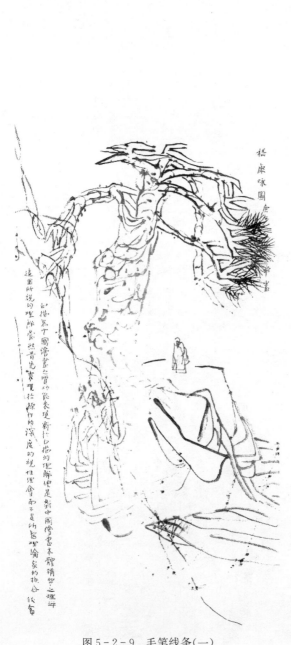

图5-2-9 毛笔线条(一)   图5-2-10 毛笔线条(二)

5.2.7　线条造型练习——线条的疏密练习

作业提示：图 5-2-11 是张在元的作品，表现建在山坡上的坡顶建筑，坡顶全留白，临摹时注意线条的疏密。

图 5-2-11　张在元作品

5.2.8　线条造型练习——线条的排列、疏密明暗与立体感

作业提示：临摹图 5-2-12，不要随意排线条，注意排线的规律与次序，不要局部一下子画到深处，要整体地表现，最后刻画深的地方，画出空间立体感来。在 A3 白纸上完成。

图 5-2-12　线条的排列、疏密明暗与立体感

5.2.9 线条造型练习——线条的排列、疏密明暗与体积表现

作业提示:临摹图5-2-13,注意斜面坡顶明暗的渐变、阴面的反光以及窗洞深处的线条疏密变化。在A3白纸上完成。

图5-2-13 线条的排列、疏密明暗与体积表现

5.2.10　线条造型练习——线条的排列、疏密明暗与空间表现

作业提示：图5-2-14是贝聿铭设计的埃佛森艺术博物馆的一个立面，临摹时先把各部分的几何形体比例画准，再排列线条，用线的疏密把每个矩形的明暗表现出来，再整体调整明暗，最后把各矩形的空间前后关系表达清楚。在A3白纸上完成。

图5-2-14　贝聿铭设计的埃佛森艺术博物馆的立面

5.2.11 线条造型练习——线条的排列和明暗表现

作业提示：建筑立面上的窗洞大小不一，位置不同，斜面各异，所以投影变化丰富，如图 5 - 2 - 15 所示。尝试用线条表现不同变化的明暗，注意局部与整体。在 A3 白纸上完成。

图 5 - 2 - 15　某建筑立面

5.3　线条与建筑环境表现

　　建筑设计的平面图、立面图与透视图中常常要画上建筑配景来表现建筑的环境状况,配景中主要有树、人与交通工具等,其中常用的是树。在平面图和立面图里,树除了表现建筑环境外(树的大小与建筑的比例关系),还用来表示建筑的尺度。人只出现在立面图与透视图中,人只表示尺度。所以这部分作业的目的是用线画好平面的树、立面的树以及绿化组合。

5.3.1　线条练习——树的表现(一)

　　作业提示:这是树的 3 种不同的表现方式。平面的树主要表现树冠的投影,立面的树主要表现树干的分叉、树冠立面的造型。注意 3 种不同的用线。

　　3 种不同表现为:

　　(1)用线勾勒出树冠的圆形轮廓,局部留出空隙。

　　(2)用直线表现树的分枝,线从长到短,不表现树叶。

　　(3)表现树叶,整体形态不像前两种程式化。

　　注意画树枝短线时避免对称互出,要错位出枝。如图 5-3-1 所示。

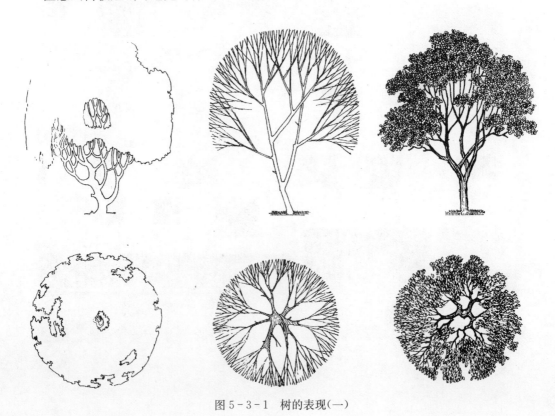

图 5-3-1　树的表现(一)

5.3.2 线条练习——树的表现(二)

作业提示:不画树叶的表现,直线与弧线共同表现。

注意立面树的形态特征。如图5-3-2所示。

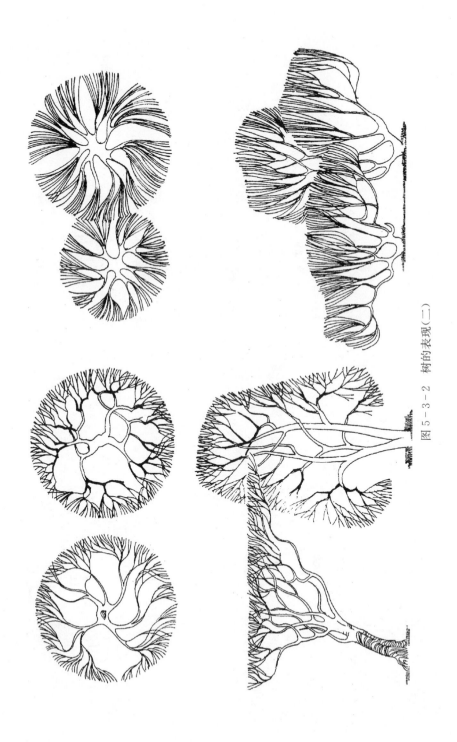

图5-3-2 树的表现(二)

5.3.3 线条练习——树的表现与组合

作业提示：注意树与树的配置组合，树的形态。如图 5-3-3 所示。

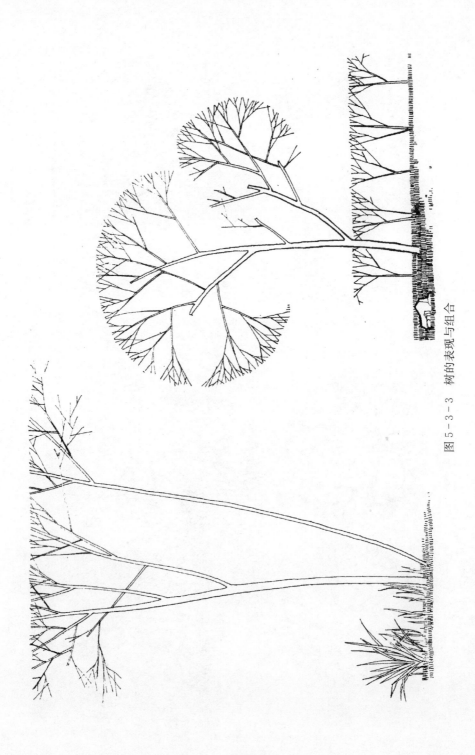

图 5-3-3 树的表现与组合

5.3.4 线条练习——树的多种表现法和绿化组合

作业提示：

（1）这是绿化组合的平面与立面的表现。

（2）注意平面与立面的呼应，注意立面灌木绿篱的不同表现法。如图5-3-4所示。

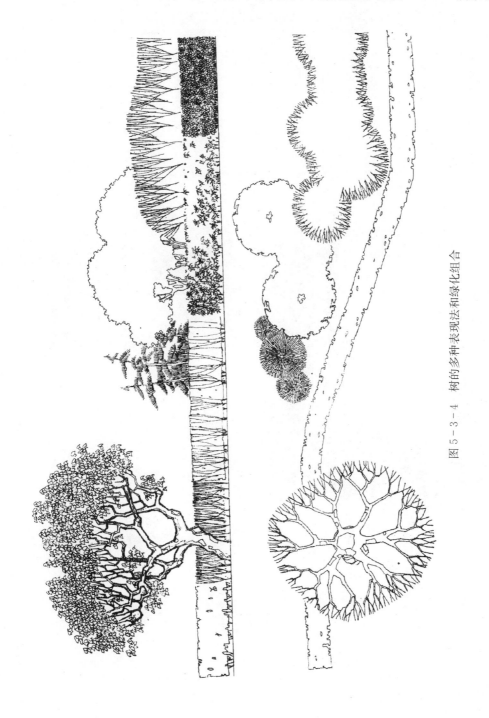

图5-3-4 树的多种表现法和绿化组合

5.3.5　线条练习——绿化组合的空间表现

作业提示：

（1）一组是立面表现。前后空间关系是绿篱灌木在前，深色树居中，后排是乔木。绿篱的留白与中排树的深色对比，前后分明。后排乔木的简单勾勒，又退到最后的位置。

（2）另一组是立体的表现。受光面的留白使长方体的灌木与球形及高立的树分出前后左右的关系。

（3）用线上，高立树用直线密排表现了如侧柏类的针状深色树叶。球形与长方体灌木，用小弧线的疏密表现圆形树叶，加上短线的草地和用点表现在硬地上的投影。用线表现出黑、白、灰的层次，产生很好的空间感。如图 5-3-5 所示。

图 5-3-5　绿化组合的空间表现

5.3.6 线条练习——树的 3 种表现

作业提示：

（1）1 棵树，3 种不同的立面表现。如图 5 - 3 - 6 所示。

（2）注意树叶的 3 种表现法，注意右侧树干的明暗表现，树冠阴影部分的涂黑。中间树活泼有序。

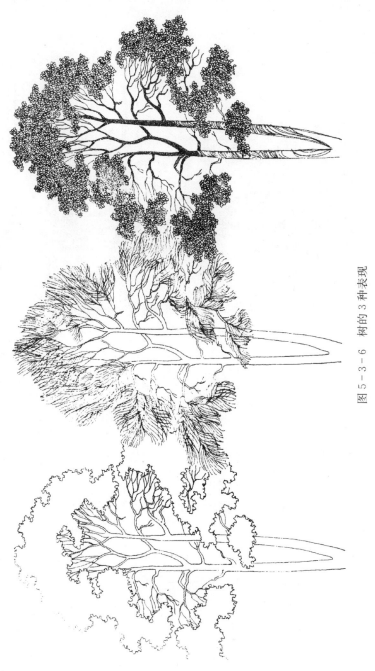

图 5 - 3 - 6　树的 3 种表现

5.4　线条与平面(二维空间)

图5-4-1是建筑师的设计手稿,上面是平面图,表现了建筑内部空间大小与外部空间的划分,以左侧为水面,右侧为道路。下面对应是剖面图,表现了空间层高,基地与水面及道路的高差。

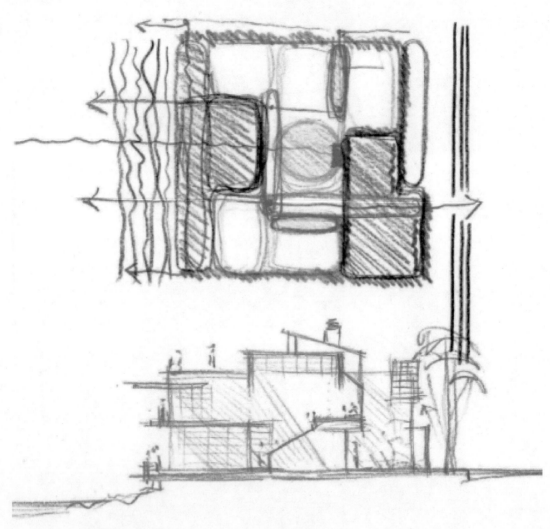

图5-4-1　建筑师手稿

这部分的作业是用线条来划分平面的空间(二维)。目的是学习平面空间的最佳比例,建立起一下笔就关注比例的设计思维习惯,注意局部的比例和整体组合的比例关系。

5.4.1 线条与平面——二维空间划分与比例(一)

作业提示:

(1) 在 A3 白纸上,先画 5 cm×5 cm 铅笔方格 20 个,每行 4 格,分 5 行排列,格距与行距均是 1 cm。

(2) 在 1～4 行中,按图 5-4-2 所示比例关系,徒手线条划分空间。在第 5 行中,自行按比例关系,徒手线条划分空间。

(3) 注意线条匀称,尽量挺直,划分比例准确。

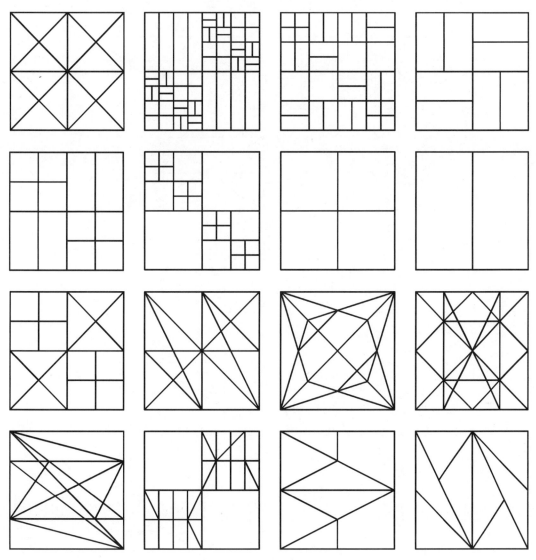

图 5-4-2　二维空间划分与比例(一)

5.4.2 线条与平面——二维空间划分与比例(二)

作业提示：

（1）在 A3 白纸上，先画出 5 行，每行高 5 cm，行距 1 cm。然后，每行按图 5-4-3 所示徒手画 $\sqrt{2}$、$\sqrt{3}$、$\sqrt{4}$、$\sqrt{5}$，黄金比分割。

（2）注意：第一行 $\sqrt{2}$ 为 5 cm×5 cm 的方形，第二行 $\sqrt{3}$ 与第一行 $\sqrt{2}$ 对角线长的对应关系，$\sqrt{4}$、$\sqrt{5}$ 以此类推。

（3）第五行也是从 5 cm×5 cm 方形开始，注意半个方形的对角线为半径往下画。每段线的相对比例关系要准确，才能有整体的比例效果。如图 5-4-3 所示。

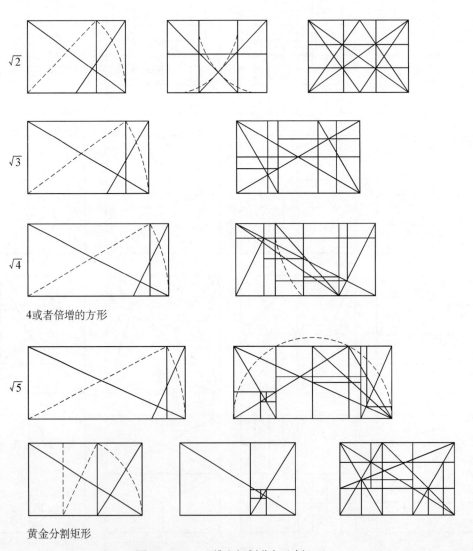

图 5-4-3　二维空间划分与比例(二)

5.4.3　线条与平面——立面的划分与比例(一)

作业提示：研究分析图 5-4-4～图 5-4-6 中 3 张窗与门的划分比例，然后自定大小，画在 A3 白纸上，注意不是用单线划分，框线应该用双线来表示。

图 5-4-4　立面的划分与比例(一)

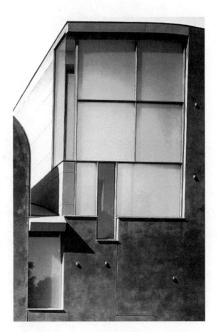

图 5-4-5　立面的划分与比例(二)

图 5-4-6　立面的划分与比例(三)

5.4.4　线条与平面——立面的划分与比例(二)

作业提示:建筑立面图片仅提供一个参考案例,研究各部分与整体的比例关系,以及局部之中的再划分。在 A3 白纸上,徒手画建筑立面。如图 5-4-7 所示。

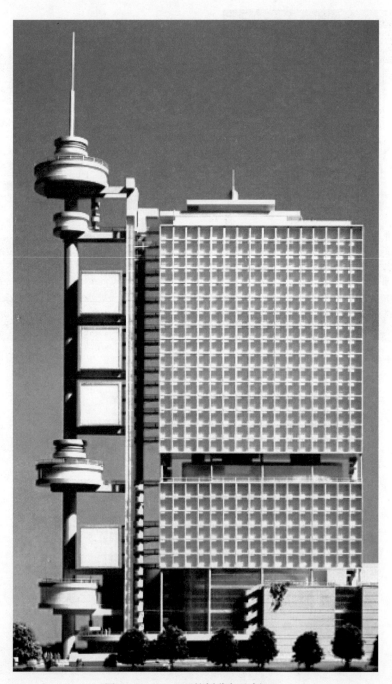

图 5-4-7　立面的划分与比例(四)

5.4.5 线条与平面——弧线划分平面空间

作业提示:一张规划平面图,弧线的道路划出了规划的范围。直线是第一次划分,弧线再次划分出建筑用地范围。层层围着的弧线表示地形高差的等高线,黄色的是道路,白色长方形是建筑。可以用透明描图纸描,这是一次很好的徒手线条练习,但要好好体验一下从这个路口到另一个路口的空间景观。如图5-4-8所示。

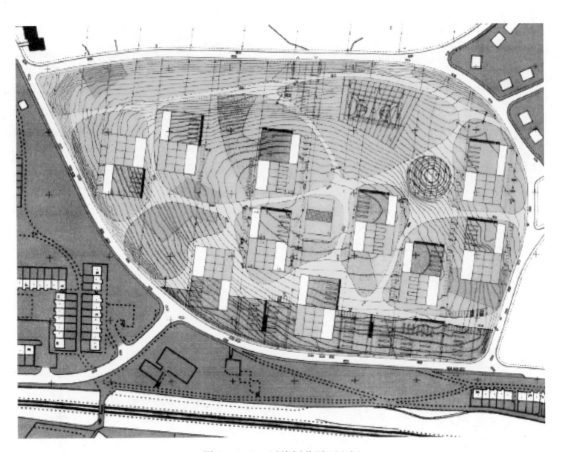

图5-4-8 弧线划分平面空间

5.4.6 线条与平面——空间二维与三维的表现

作业提示:图5-4-9、图5-4-10分别是朗香教堂的平面图和空间轴测图。徒手线条临摹,从中体会二维空间到三维空间的表现方法。注意平面图上地面的划分与立面窗的布置,好好研究学习大师对比例的应用。

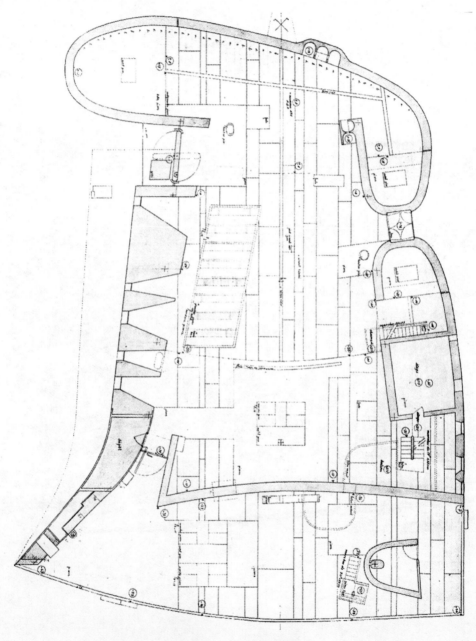

图5-4-9 朗香教堂图(一)

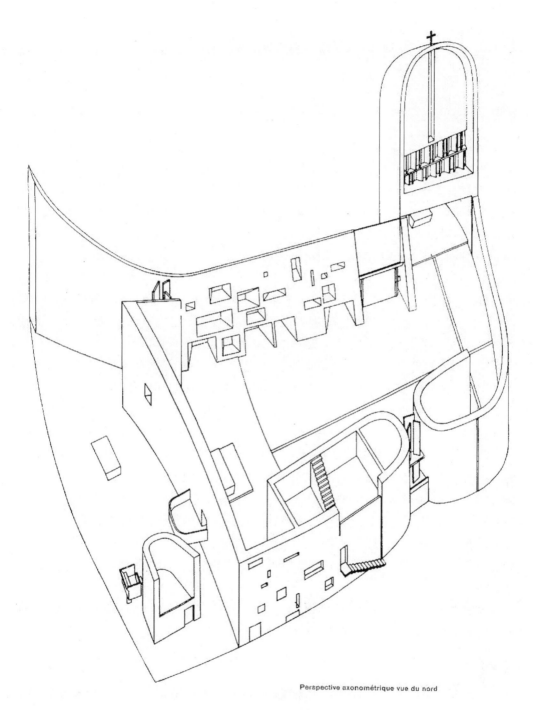

Perspective axonométrique vue du nord

图 5 - 4 - 10　朗香教堂图(二)

6. 结构素描

有些建设项目在正式委托设计院设计前,通过招标方式进行概念设计。通过概念方案,对建设项目的规模、建筑形象与城市景观的影响进行比较和评估,然后修改项目的具体要求,确定设计任务书,正式委托设计院设计。在这类概念设计方案的评估中,对建筑功能设计的要求是整体布局合理就可以,主要是对建筑形象的要求比较高,要求建筑的形体、材料、色彩等方面都有创新,有的还要求有较高的艺术品质和审美价值。所以在投标的概念设计中,重点是建筑的形象设计,具体的做法就是建筑的形体构成、根据规模要求,确定大致的体积(长、宽、高),形体的变化与长宽高的比例有关,长宽决定各层面积,层高和层数决定总高度。层高和使用的空间有关,住宅一般3米左右,公共建筑大于3米,具体视使用要求而定。层高可当作有关不变数。在设计时,因为规模(总建筑面积)已定,层高已定,如果要追求建筑的挺拔,则每层的面积和楼层数可以变化,求得建筑最佳的形体的高宽比。

建筑的形体构成的立意来自建筑师的创意,建筑形体一般是几何形体,二维的就是矩形(正方形、长方形)、圆形与三角形,三维的就是正方体、长方体、球体和锥体。建筑师就是根据立意用几何形体来进行建筑的形体构成表达。可以用一种几何形体,也可以用几种几何形体,通过组合和完成。本书通过几何形体的构成练习来学习概念设计中的建筑形体构成方法,具体训练包括,面对建筑图片和建筑实物时,对建筑先作形体的概括抽象,按透视的要求画出建筑的形体组合,学习体会建筑师的设计与形体的组合的立意与方法,也可以通过临摹建筑画来学习作画者的形体的抽象与组合的用意和用笔。在建筑写生或建筑画临摹时,首先要整体观察,主要是对建筑物作形体概括和注意形体的透视;其次是局部的表现,主要是各个面上的比例分割与透视,再深入地表现,就是用线把各个面的转折关系表达清楚(白描),或者再用线表现各个面的受光情况,用明暗来表现各个面的前后空间关系,刻画出建筑的立体感。

结构素描主要是立足在对几何体的研究基础上,用线把几何体的结构表现出来。通过结构素描练习,提高对形体的把握和组合的能力。

6.1 几何体结构素描练习

6.1.1 结构素描——正方体与球体

作业提示:只关注几何体结构和透视,不可见的结构线应该画出来,可以验证形体结构的准确性和透视的准确性。球体应在辅助的正方体框架中,通过辅助的面和线来完成结构表现。在 A3 白纸上完成。如图 6-1-1,图 6-1-2 所示。

图 6-1-1 正方体与球体(一)

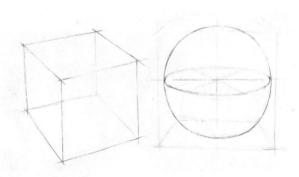

图 6-1-2 正方体与球体(二)

6.1.2 结构素描——十字相贯体

作业提示:先确定垂直长方体结构,再作水平长方体的结构分析,注意结构线交接的点的位置,用对角线来验证。在 A3 白纸上完成。如图 6-1-3、图 6-1-4 所示。

图 6-1-3 十字相贯体(一)

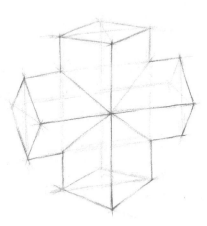

图 6-1-4 十字相贯体(二)

6.1.3 结构素描——几何体组合

作业提示:注意各个几何体之间的大小比例关系,圆锥的结构表达应该也在相应的辅助长方体框架内,分别确定圆的底面和锥顶的位置。如图6-1-5、图6-1-6所示。

图6-1-5 几何体组合(一)

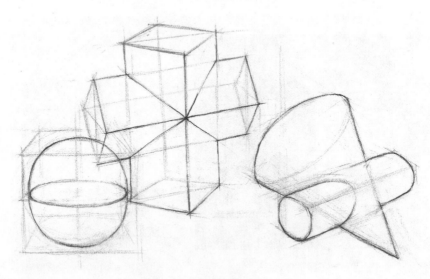

图6-1-6 几何体组合(二)

图 6-1-7　学生作业(一)

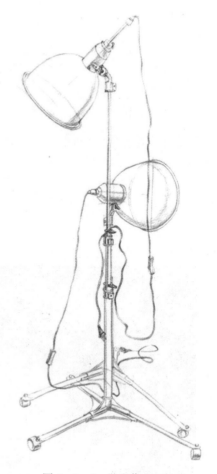

图 6-1-8　学生作业(二)

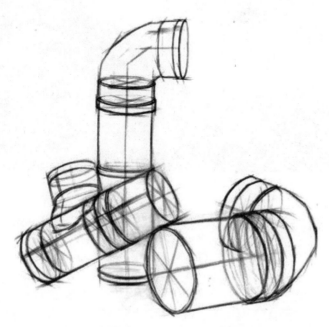

图 6-1-9　学生作业(三)

6.2　建筑几何体的分析与结构表现

6.2.1　结构素描——建筑几何体组合练习(一)

作业提示:分析建筑模型各部分的体的比例和组合的关系,用单线表现。如图 6-2-1 所示。

图 6-2-1　建筑几何体组合(一)

6.2.2　结构素描——建筑几何体组合练习(二)

作业提示：先画出整体的几何形体，再作减法，去掉空虚的部分，最后用线肯定结构轮廓线。如图 6 - 2 - 2 所示。

图 6 - 2 - 2　建筑几何体组合(二)

6.2.3 结构素描——建筑几何体概括(一)

作业提示:先确定大小长方体的组合,再找到相关的点,点点连接,确定非长方形的建筑几何形体的结构表现。如图6-2-3所示。

图6-2-3 建筑几何体概括(一)

6.2.4 结构素描——建筑几何体概括(二)

作业提示:整体的结构框架内再切割,注意透视,立面的窗用单线表现,可以检测透视的准确性。如图 6-2-4 所示。

图 6-2-4 建筑几何体概括(二)

6.2.5 结构素描——建筑几何体概括(三)

作业提示:体与体的穿插,弧面的表现,应在长方体框架内完成,关键确定相关的点。如图 6 - 2 - 5 所示。

图 6 - 2 - 5 建筑几何体概括(三)

6.2.6 结构素描——建筑几何体概括(四)

作业提示:似乎有些复杂。先归入长方体框架内,再分析寻找相关的点的位置,斜面的确定就简单了。如图6-2-6所示。

图6-2-6 洛杉矶某教堂

6.2.7 结构素描——建筑几何体概括(五)

作业提示：

（1）先分解成两个长方体，高的只要削去相应的三角部分。另一个矮的长方体，竖向对角线切一刀，再斜切一刀即可，两者合起来就可以了。

（2）或者尝试用另一种分析法，透视依然要注意。如图 6-2-7 所示。

图 6-2-7 建筑几何体概括(四)

6.2.8 结构素描——大师作品结构分析表现(一)

作业提示：

（1）参考图6-2-8、图6-2-9这两张图，分析贝聿铭的达拉斯音乐厅的几何体结构组成，应该是两个长方体和部分球体的组合。

（2）注意比例和相关的连接点，画出辅助线和结构线。

图6-2-8　达拉斯音乐厅(一)(贝聿铭)

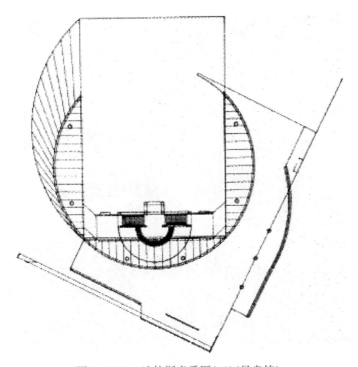

图6-2-9　达拉斯音乐厅(二)(贝聿铭)

6.2.9 结构素描——大师作品结构分析表现(二)

图 6-2-10 和图 6-2-11 分别是贝聿铭设计的达拉斯市政厅和美国国家大气研究中心。

作业提示:注意透视的准确性,大气研究中心在完成几何体概括后,尝试用明暗加强立体的表现。

图 6-2-10　达拉斯市政厅

图 6-2-11　美国国家大气研究中心

6.3 建筑构件的结构素描表现

6.3.1 结构素描——钢结构节点

作业提示：可以不考虑透视，但是在完成结构线框后，用明暗表现。如图6-3-1～图6-3-3所示。

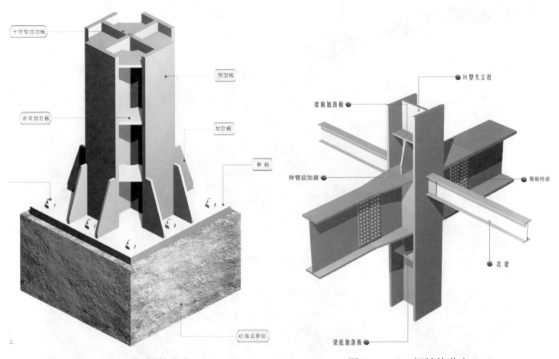

图6-3-1 钢结构节点（一）

图6-3-2 钢结构节点（二）

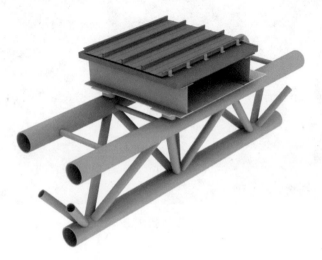

图6-3-3 屋面构造示意图

6.3.2 结构素描——内部空间的结构分析表现(一)

作业提示:先完成结构线框,再用明暗表现。如图 6-3-4 所示。

图 6-3-4 内部空间结构分析(一)

6.3.3　结构素描——内部空间的结构分析表现(二)

　　作业提示:注意各面的受光分析,微妙的光影变化,用 2B～4B 铅笔,在 A3 铅画纸上完成。如图 6-3-5 所示。

图 6-3-5　内部空间结构分析(二)

7. 建筑写生训练

7.1 概　述

写生是画者面对"生"——客观的物体(人、动物、树木花草、山河,以及人为小物,如建筑、桥梁、手工与工业产品)所"写"——绘制图形。

建筑写生训练主要训练学生的观察分析能力、造型能力与表现能力。在学生练习过程中,使学生加深对透视空间、形式美的规律与法则的理解,是学生体验建筑形体与构造,体验建筑空间与环境的过程。可以提高学生对建筑和建筑设计的认知和理解能力。通过写生,可以为以后的专业设计积累更多的建筑的形象资料。

7.1.1　观察分析

建筑写生,主要是表现建筑物与其环境。可以是单幢的建筑,也可以是一组建筑,或是一个城市的街道空间。有建筑与道路,还有交通工具与人,以及小品与绿化环境。在写生落笔之前,首先要观察,要前后左右地观看,此时,主要是在取景,要考虑主体建筑在画面的位置,考虑建筑与其他环境因素在画面的主次与空间层次关系。

画面(近、中、远景)最佳取景位置,即写生的落脚点。有时候,所取之景不令人满意,此时,就要对景有所取舍,即为组景。或者说对着景在画面上进行构图,即对景中的视觉元素建筑物(前景的树、车与人,或背景的建筑、绿树、天空等)按照透视的规则和画面形式美的规则来进行组合。构图要注意主次、虚实、前后的关系,遵循变化中的统一原则,使画面有一种既生动又安定的均衡感受。

构图还要注意同一画面内的各物体之间的比例与尺度。写生的现场物体都有具体的尺寸,但在画面上是用某一相同的比例,把它们在现场的真实大小、长宽高的比例关系表现出来。当然,写生的比例没有建筑制图中的比例那样精确不误,但大致协调。如果物体大小按不同的比例放入画面,则比例失调,正常的尺度感就丧失。

在建筑画中,人的大小往往是一种比例标尺,若在透视中的同一垂直画面中的人的大小大于建筑物的大小,则建筑就给人是一种建筑模型的感觉。

观察分为两种:一种为感性的直观,另一种是理性的观察。也可以理解为"观"——感性的直观,"察"——理性的分析。

设计师在建筑写生时往往在整体上注意透视及空间的关系。对具体物体,注意结构也注意细部。观察时采用形体抽象法,就是用几何形或几何体来概括具体的建筑物,并分析这些几何形或几何体是如何连接并组成一个整体的。在构图时,其实就是用了这些抽象的几何形或几何体来进行构图,来考虑透视与空间的关系。因此,从具体的物体中抽象或是提炼出形象的符号(或元素)就是设计创意的素材,就是建筑形态构成的基本元素。在写生的过程中,观察始终贯穿其中。正确的方法是整体地观察,即使是关注局部和细节,也应该时时注意与整体的关系。

7.1.2 表现

表现与观察一样要从整体出发,手中画局部时,心中要有整体。在建筑写生中,主要用线来表现。先能准确地表现轮廓、平面的转折和体的结构。建筑设计师追求表达的准确性,就习惯用线条来表达设计创意和建筑造型,所以用线造型与表现的能力是设计师的基本能力,也是设计能力之一。

7.1.3 写生造型表现方法

写生造型表现方法有以下几种:
(1) 用粗细相同的线来表现。
(2) 用粗细不同的线来表现。
(3) 用线的粗细、疏密来表现明暗、虚实、空间与主次。

7.2 建筑写生练习

写生目的:
(1) 练手——徒手表达能力。
(2) 练目——观察能力,把握比例尺度、主次、明暗与色彩关系。
(3) 练思维——观察中的提炼,抽象概括分析能力,总体布局控制综合表现能力。
准备事项:收集设计资料,细部节点构造,比例尺度,材料色彩。
写生过程是一种身临其境的空间体验过程,有助于更好地理解设计者的创意,也可激发自己的创新潜能。

7.2.1 建筑写生——对照照片临摹

作业提示:
作业目的:选择钢笔建筑画,图 7 - 2 - 2、图 7 - 2 - 4、图 7 - 2 - 6······图 7 - 2 - 14 是同济大学孙彤宇老师的写生作品,所画的都是同济大学校园内的建筑。一个建筑学教师兼建筑师所画的钢笔建筑画,与非建筑学专业的作者的画作不一样的地方是更多地注意到建筑内在结构的表达,或者说在写生时的取舍更自觉地从建筑专业出发。一般的情况是建筑师的建筑写生对建筑的表达更精确,所以比较适合建筑设计专业学生写生临摹。
根据孙老师写生的角度,编者拍摄了建筑的照片(见图 7 - 2 - 1、图 7 - 2 - 3、图 7 - 2 - 5······图 7 - 2 - 13)。学生对照建筑照片来临摹,能学习作者写生时的取舍和构图,对照照片还能具体地学习到如何用线条来表达建筑的方法,以及画面明暗、虚实的整体处理方法。

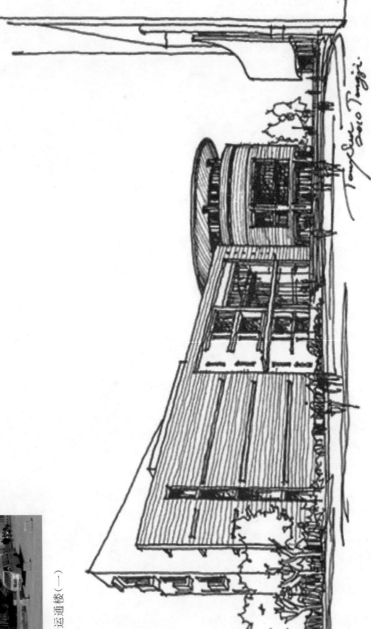

图 7 - 2 - 2　同济大学运通楼（二）

图 7 - 2 - 1　同济大学运通楼（一）

图 7 - 2 - 4 同济大学教学北楼（二）

图 7 - 2 - 3 同济大学教学北楼（一）

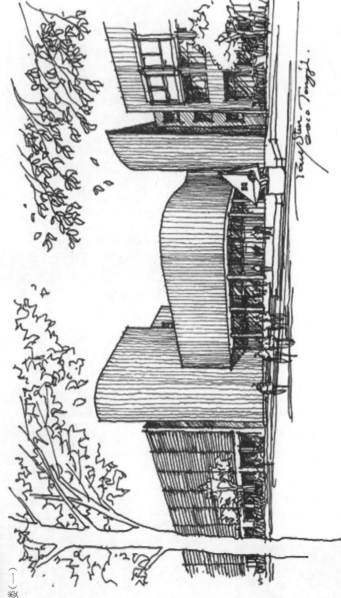

图 7-2-6 同济大学建筑系 B 楼（二）

图 7-2-5 同济大学建筑系 B 楼（一）

图 7-2-8　同济大学逸夫楼（二）

图 7-2-7　同济大学逸夫楼（一）

图 7 - 2 - 9　同济大学经纬楼（一）

图 7 - 2 - 10　同济大学经纬楼（二）

图7-2-11 同济大学大礼堂（一）

图7-2-12 同济大学大礼堂（二）

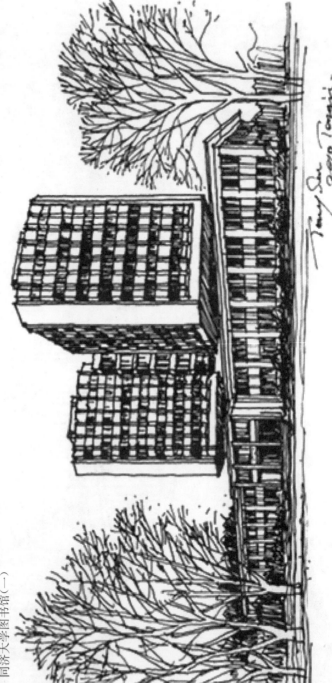

图7-2-13 同济大学图书馆(一)

图7-2-14 同济大学图书馆(二)

7.2.2　建筑写生——照片写生(一)

对图 7－2－15 进行照片写生。

图 7－2－15　上海某高层建筑

7.2.3 建筑写生——照片写生(二)

对图7-2-16进行照片写生。

图7-2-16 康奈尔大学约翰逊艺术馆(贝聿铭)

7.2.4　建筑写生——照片写生(三)

对图 7-2-17～图 7-2-21 进行照片写生。

图 7-2-17　建筑入口(一)

图 7-2-18　建筑入口(二)

图 7 - 2 - 19　建筑入口（三）

图 7 - 2 - 20　建筑入口（四）

图 7 - 2 - 21　建筑入口（五）

7.2.5 建筑写生——建筑细部

对图 7-2-22~图 7-2-26 所示英国建筑细部进行建筑写生。

图 7-2-22 英国建筑细部(一)

图 7-2-23 英国建筑细部(二)

图 7-2-24 英国建筑细部(三)

图 7 - 2 - 25　英国建筑细部(四)

图 7 - 2 - 26　英国建筑细部(五)

7.2.6　建筑写生——建筑与环境

对图 7 - 2 - 27～图 7 - 2 - 30 进行建筑写生。

图 7 - 2 - 27　英国住宅(一)

图 7 - 2 - 28　英国住宅(二)

图 7 - 2 - 29　英国住宅(三)

图 7 - 2 - 30　英国住宅(四)

7.2.7　建筑写生——临摹

对照建筑照片图 7 - 2 - 31 临摹图 7 - 2 - 32。

图 7 - 2 - 31　建筑照片

图 7 - 2 - 32　建筑写生

8. 色彩练习

建筑画的色彩表现,一般是用钢笔淡彩的方法,一是因为钢笔线条能较准确地表达建筑形体与细部,二是只表现建筑大的色彩关系,不刻画细部。建筑写生中上色一般用水彩、彩色铅笔和马克笔。相比较而言,彩铅和水彩渲染能表现细部,马克笔只能用于衬托阴影或是渲染气氛。

色彩技能的训练主要通过临摹来完成。写生时上色就是实际的应用:上色技能不到位,往往会破坏钢笔写生;上色技能高了,才能锦上添花。

8.1 调色练习

本部分作业的目的是掌握基本的调色方法,通过练习理解色彩的三要素,把握整体的色彩关系,初具配色能力。

8.1.1 调色练习——白纸上色块练习

作业提示:取 20 cm×20 cm 的水彩纸,用水粉颜色调色。两张一组粘在 A3 黑卡纸上。注意色块的色调和彩度,由于是白纸底,不管是明度高的或是明度低的色块,都好像是透明的。体会色块边缘用色和色块叠透的处理。如图 8-1-1 所示。

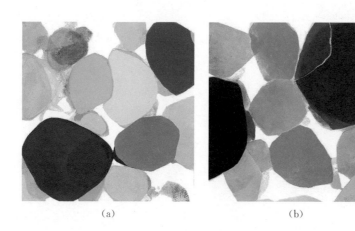

(a)   (b)

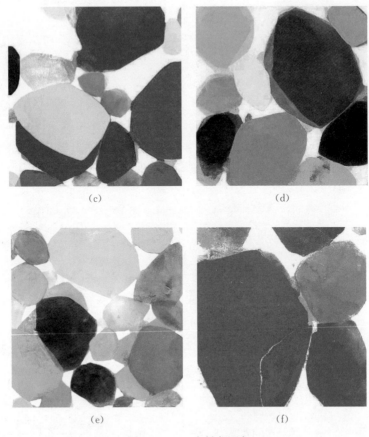

图 8-1-1　水粉色调色

8.1.2 调色练习——大师作品局部调色练习

作业提示:在康定斯基、朱德群或印象派画家的作品上,取某局部进行调色临摹。如图 8-1-2～图 8-1-4 所示。

图 8-1-2　大师作品局部(一)

图 8-1-3　大师作品局部(二)

图 8-1-4　大师作品局部(三)

8.1.3 调色练习——作品临摹(调和色的调色练习)

作业提示:同类色或相近色的调色,要注意色彩在明度与纯度上的细微变化,否则画面只是一种色团,不辨形象。如图 8-1-5、图 8-1-6 所示。

图 8-1-5 罗尔纯作品

图 8-1-6 俄罗斯画家作品(一)

8.1.4 调色练习——作品临摹(对比色的调色练习)

作业提示:注意明度变化,如水比地要暗。如图8-1-7所示。

图8-1-7 俄罗斯画家作品(二)

8.2 建筑画临摹

本部分作业是通过临摹，学习建筑画配色方法，体验和掌握各种色彩工具的用法。

8.2.1 建筑画临摹

作业提示：天与背光的建筑立面是对比关系，明度的对比，黄蓝色的对比，注意立面由近及远的退晕表现空间和从上到下的退晕表现反光。如图8-2-1所示。

图8-2-1 水彩渲染(一)

8.2.2　建筑画临摹——水彩渲染(一)

作业提示：注意近处树的上下色的变化，注意背光面的退晕。如图 8-2-2 所示。

图 8-2-2　水彩渲染(二)

8.2.3　建筑画临摹——水彩渲染(二)

作业提示：暖色调为主，天明地重，建筑也是上明下暗，但要注意背光立面上部的冷色与下部的暖色对比处理。树的表现，近景的明度低，中景的彩度高，背景的彩度底。如图8-2-3所示。

图8-2-3　水彩渲染(三)

8.2.4 建筑画临摹——钢笔描图,水彩上色

作业提示:这是一幅色彩丰富的水彩写生,可以完整地照着用水彩临摹。也可以尝试先用钢笔勾勒出钢笔写生稿,再按照水彩稿上色,上色时可以比原水彩稿再概括简练些。一幅钢笔淡彩作品就此诞生。在 A3 水彩纸上完成。如图 8-2-4 所示。

图 8-2-4　钢笔描图,水彩上色

8.2.5 建筑画临摹——钢笔淡彩法

作业提示:照着水彩写生,描成钢笔画。如窗户细节,还可用钢笔刻画一下。花卉的阴影处,钢笔线密一些,整幅明暗素描关系调整好,然后依水彩原稿上色。亮处尽可能留白,用色更简单明快些。如图8-2-5所示。

图8-2-5 钢笔淡色法

8.2.6　建筑画临摹——钢笔淡彩(马克笔)(一)

作业提示：作品构图主次分明，线条表现丰富，细部刻画生动，本身是一幅较好的钢笔写生画。马克笔暖色深灰涂背光部分，局部木材的暖色明亮，使暗部生动。主体建筑的墙面基本留白，灰色的马克笔短笔触表现老墙的斑驳痕迹，墙上的黄灰点是为了与近景的绿化用色呼应。马克笔特点：上色方便，一般涂抹阴影，局部点缀，追求整体色彩大效果。如图 8-2-6 所示。

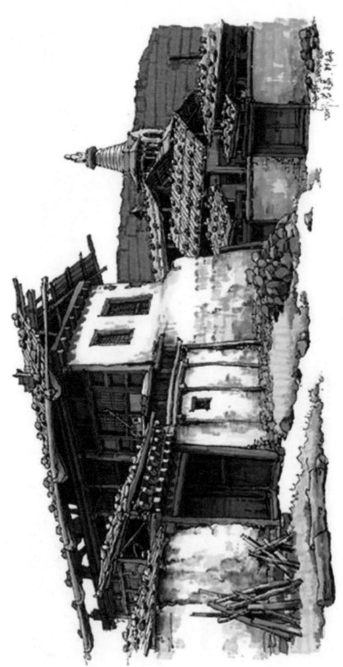

图 8-2-6　钢笔淡彩(马克笔)(一)

8.2.7　建筑画临摹——钢笔淡彩(马克笔)(二)

作业提示：

（1）钢笔写生画本身很好，马克笔用色不多，暖咖啡色涂木质建筑，土石墙就用灰色，旧墙上冷暖灰色处理和墙根的深灰色衬出了前面用绿色简单涂抹的生机勃勃的野草，画面的主体部分就凸显了。

（2）马克笔用色应该随钢笔写生刻画的主次明暗走，服务于钢笔画，不可喧宾夺主。如图8-2-7所示。

图8-2-7　钢笔淡彩（马克笔）（二）

8.2.8　建筑画临摹——钢笔淡彩(马克笔)(三)

作业提示:此幅钢笔画用线不多,马克笔用色也不多,上部檐用暖灰色,下部铺板用冷灰色。马克笔笔触顺竖板方向走,很好地表现了板条,但灰色之中有明暗变化,临摹时应好好体会。如图8-2-8所示。

图8-2-8　钢笔淡彩(马克笔)(三)

8.2.9 建筑画临摹——钢笔淡彩(马克笔)(四)

作业提示:这两幅主要是钢笔线条表现为主,马克笔用色不多,局部点缀,强调钢笔画想表现的地方。如图8-2-9,图8-2-10所示。

图8-2-9 钢笔淡彩(马克笔)(四)

图8-2-10 钢笔淡彩(马克笔)(五)

8.2.10 建筑画临摹——钢笔淡彩(马克笔)(五)

作业提示:这一幅是建筑师金泽光的速写,当时他在旅行途中,随手画来,线条流畅,寥寥几笔即成画作。马克笔几下,完成阴影、背景,记录了大体环境印象。初学者不必临摹,因线条功夫尚未成熟,只要记在心里,仔细体会,日后再来临摹。如图8-2-11,图8-2-12所示。

图8-2-11 金泽光作品(一)

图8-2-12 金泽光作品(二)

8.2.11　建筑彩铅表现练习

作业提示：用彩铅来渲染建筑能表现得更精细。彩铅渲染使用水溶性的彩色为好，纸张选用素描纸，既经济又实用，素描纸表面粗细适中，能较好地发挥彩铅的表现效果。

彩铅上色基本技法有平涂、叠彩和水溶退晕。平涂时如果用笔轻重有序地变化，就会有退晕的效果。彩铅有可覆盖性，所以可以控制色调。如用冷色调，一般用蓝颜色，暖色调一般用黄颜色，先用单色笼统地罩一遍，逐层上色后配上其他色细致刻画。叠彩即调色，可以根据用笔轻重来调节色彩的透明感。水溶退晕是在涂上彩铅的面上，用湿笔轻擦出自然的退晕效果。

彩色铅笔的色彩种类较多，表现性强，可增强画面的层次和空间，也能较好地表现细部的材质。着色时应先考虑画面的整体色调，把主体色和建筑环境色先确定下来，再进行具体深入的刻画。只要从总体处先着色，局部刻画时又时时关注总体，进行调整，对初学者来讲，彩铅的效果比较有保障。

此幅作品(见图 8-2-13)，建筑的实体横架立面，整体上远近退晕。玻璃墙体透明部分的色彩，如用纯亮些的蓝色，再刻画投影深蓝色，整体效果会更好。

图 8 - 2 - 13　建筑彩铅表现

9. 现代绘画创作

现代绘画与现代建筑关系亲密。包豪斯学校的教师中,有现代绘画大师康定斯基、克里等。勒·柯布西耶就是将现代绘画与建筑合为一体的大师。风格派乌得勒支住宅与蒙特里安的作品,只是表现方式不一样,艺术本质归一。

建筑师具备现代艺术精神越多,其创造性越强,练习现代绘画的创作,有利于开发创新潜能,有利于拓展设计思维。

9.1 现代绘画创作——参考哈迪德、马列维奇和埃森曼

作品提示:把建筑师哈迪德的建筑表现图与俄罗斯抽象派画家马列维奇的作品以及建筑师埃森曼(EISENIMAN)的作品进行比较,倒是马列维奇的几何形布局更像建筑平面图。

参考三者的作品,创作一幅讲究构图、比例、用色大胆的现代绘画。画芯 30 cm×40 cm 或 35 cm×35 cm。贴在 A2 卡纸上。如图 9-1-1~图 9-1-8 所示。

图 9-1-1 哈迪德作品(一)

图 9-1-2 哈迪德作品(二)

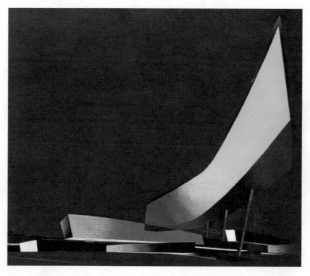

图 9 - 1 - 3　哈迪德作品(三)

图 9 - 1 - 4　马列维奇作品(一)　　　　　　图 9 - 1 - 5　马列维奇作品(二)

图 9-1-6　马列维奇作品(三)

图 9-1-7　马列维奇作品(四)

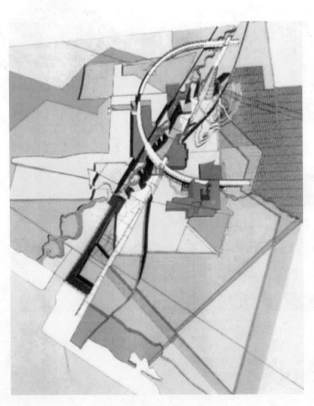

图 9-1-8　埃森曼作品

9.2 现代绘画创作——参考蒙特里安

作品提示:研究一下蒙特里安的作品,看看另两张建筑照片,有何灵感? 创作一幅现代绘画,画芯 30 cm×40 cm 或 35 cm×35 cm。贴在 A2 卡纸上。如图 9-2-1~图 9-2-6 所示。

图 9-2-1　建筑内部

图 9-2-2　窗的分割

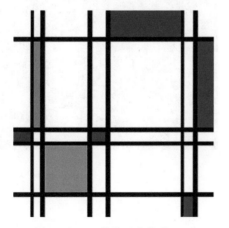

图 9-2-3　蒙特里安作品(一)

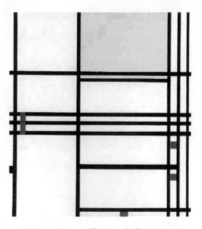

图 9-2-4　蒙特里安作品(二)

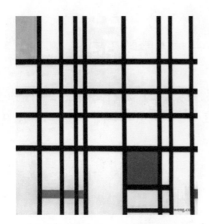

图 9-2-5　蒙特里安作品(三)

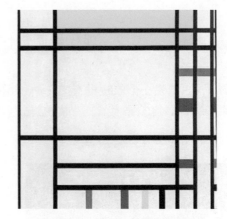

图 9-2-6　蒙特里安作品(四)

9.3　现代绘画创作——参考克里与卢沉

作品提示:

(1) 克里,现代画家,包豪斯学校教师。其作品如图 9-3-1、图 9-3-2 所示。

图 9-3-1　克里作品(一)

图 9-3-2　克里作品(二)

(2) 卢沉,中国画家,擅长人物画。其作品如图 9-3-4、图 9-3-5 所示。

图 9-3-3　荷兰 Utrecht University 学生公寓

图 9-3-4　卢沉作品(一)

图 9-3-5　卢沉作品(二)

9.4　现代绘画创作——参考罗尔纯

作品提示：

(1) 中国油画家罗尔纯,用色鲜明,其作品如图 9-4-1～图 9-4-3 所示。

图9-4-1 罗尔纯作品(一)

图9-4-2 罗尔纯作品(二)

图9-4-3 罗尔纯作品(三)

(2) 图9-4-4～图9-4-6为一组建筑屋顶照片。

图9-4-4 建筑顶层(一)

图 9 - 4 - 5　建筑顶层(二)

图 9 - 4 - 6　建筑顶层(三)

　　创作一幅以建筑元素为主题的现代画,作品尺寸为画芯 30 cm×40 cm 或 35 cm×35 cm。贴在 A2 卡纸上。

　　建筑写生中或翻阅建筑图书时,注意自己的兴奋点和发现了的东西,往往这些就是创作的元素。要用心思维,发散思维,兴奋点多了,创作灵感就来了。给自己出题创作。

参 考 文 献

［1］【德】丁·约狄克,著;冯继忠,杨公使,译.建筑设计方法论［M］.武汉:华中工学院出版社,1983.

［2］【英】莫里斯·德·索斯马兹　著;莫天伟,译.视觉形态设计基础［M］.上海:人民美术出版社,2003.

［3］金译光.巢语［M］.上海:上海锦锦文章出版社,2011.

［4］【美】欧内斯特·伯登,著;张国忠、朱霭敏译.世界典型建筑细部设计.北京:中国建工出版社,1998.

［5］同济大学建筑系民用建筑教研室.建筑环境表现.上海:同济大学教材科,1978.

［6］孙彤宇.欧洲当代建筑掠影.上海:中国上海世博会,2010.

［7］黄继敏.贝聿铭的艺术世界.北京:中国计划出版社,见思出版有限公司,1996.

［8］张旭古诗四帖.上海:上书画出版社,2001.

［9］THE PHAIDON ATLAS OF CONTEMPORARY WORD ARCHITECTURE COMPREHENSIVES EDITION　Ⅰ·Ⅱ·Ⅲ

［10］THE MASTER ARCHITECT SERIES COX ARCHITECTS

［11］THE MASTER ARCHITECT SERIES DARYL JACHSIN

［12］THE MASTER ARCHITECT SERIES RICHARD KEATING

［13］THE MASTER ARCHITECT SERIES EISENMAN

［14］THE MASTER ARCHITECT SERIES RICHARD MEIER

［15］THE MASTER ARCHITECT SERIES OMAREM KOOLHAAS

［16］THE MASTER ARCHITECT SERIES NORMAN FOSTER

［17］ELCROQUIS FRANK GEHRY

图 片 索 引